RANQI–ZHENGQI LIANHE XUNHUAN FADIANCHANG
JISHU JIANDU GONGZUO ZHIDAO SHOUCE

燃气–蒸汽联合循环发电厂技术监督工作指导手册

大唐华东电力试验研究院　编

中国电力出版社
CHINA ELECTRIC POWER PRESS

内 容 提 要

本手册依据 DL/T 1051《电力技术监督导则》及《中国大唐集团有限公司联合循环发电厂技术监控规程》等的相关要求，分别按照燃气-蒸汽联合循环发电厂的专业特点，提出了金属、化学、绝缘、环保、热工、节能、继电保护及安全自动装置、电能质量、电测、工控网络信息安全防护、汽轮机、锅炉、燃气轮机技术监督，以及锅炉压力容器、计量、励磁系统、旋转设备振动、特种设备技术管理等专业的定期工作规范。各章内容包括基础管理工作、日常管理工作、专业管理工作、指标管理、试验与检验、检修监督六个部分。

本手册内容具有较强的针对性和指导性，适用于大唐集团燃气-蒸汽联合循环发电企业，也可供其他燃气-蒸汽联合循环发电企业的各级技术与管理人员参考、学习使用。

图书在版编目（CIP）数据

燃气–蒸汽联合循环发电厂技术监督工作指导手册/大唐华东电力试验研究院编．—北京：中国电力出版社，2021.8
ISBN 978-7-5198-5756-1

Ⅰ．①燃… Ⅱ．①大… Ⅲ．①燃气–蒸汽联合循环发电－技术监督－手册 Ⅳ．①TM611.31-62

中国版本图书馆 CIP 数据核字（2021）第 130477 号

出版发行：中国电力出版社
地　　址：北京市东城区北京站西街 19 号
邮政编码：100005
网　　址：http://www.cepp.sgcc.com.cn
责任编辑：刘汝青（22206041@qq.com）
责任校对：黄　蓓　朱丽芳
装帧设计：赵姗姗
责任印制：吴　迪

印　　刷：三河市万龙印装有限公司
版　　次：2021 年 8 月第一版
印　　次：2021 年 8 月北京第一次印刷
开　　本：787 毫米×1092 毫米　横 16 开本
印　　张：13.75
字　　数：315 千字
印　　数：0001—2000 册
定　　价：58.00 元

编 委 会

前 言

技术监督是发电企业安全生产管理的重要组成，是经过生产管理实践检验的一种科学手段和管理方法。随着我国电力事业的不断发展和电力技术水平的日益提高，对电力生产与设备装置技术监督的范围、内容和工作要求越来越广、越来越细。这对从事发电企业技术监督的各级技术和管理人员如何有效掌握并规范开展技术监督工作提出了新的要求。

为促进和提高燃气-蒸汽联合循环发电企业技术监督水平，大唐华东电力试验研究院特组织编制、形成了各专业技术监督定期工作规范，以指导燃气-蒸汽联合循环发电企业技术人员做好日常技术监督定期工作。

本手册依据 DL/T 1051《电力技术监督导则》及《中国大唐集团有限公司联合循环发电厂技术监控规程》等的相关要求，分别按照燃气-蒸汽联合循环发电厂的专业特点，提出了金属、化学、绝缘、环保、热工、节能、继电保护及安全自动装置、电能质量、电测、工控网络信息安全防护、汽轮机、锅炉、燃气轮机技术监督，以及锅炉压力容器、计量、励磁系统、旋转设备振动、特种设备技术管理等专业的定期工作规范。各章内容包括基础管理工作、日常管理工作、专业管理工作、指标管理、试验与检验、检修监督六个部分。其中，金属、锅炉压力容器和特种设备专业由刘俊建、刘明星负责编制，倪满生审核；化学专业由陈皓负责编制，慕晓炜审核；环保专业由俞立负责编制，汪鑫审核；绝缘专业由杨玉磊负责编制，赵淼审核；继电保护及安全自动装置专业由何智龙负责编制，赵淼审核；励磁系统专业由汪兴负责编制，赵淼审核；电能质量、电测专业由田龙刚负责编制，赵淼审核；工控网络信息安全防护专业由徐刚负责编制，陈延云审核；热工、计量专业由庄义飞、阚俊超、章佳威负责编制，武海澄、张剑审核；节能专业由宋勇、吴万范负责编制，陈开峰、潘存华审核；汽轮机专业由陈悦、宋勇负责编制，陈开峰审核；锅炉专业由程时鹤负责编制，潘存华审核；燃气轮机专业由任磊负责编制，陈开峰审核；旋转设备振动专业由陈悦、袁昊负责编制，陈开峰审核。

本手册内容具有较强的针对性和指导性，希望本手册的出版能有助于读者深入理解燃气-蒸汽联合循环发电厂技术监督定期工作内容，有助于提高发电企业设备管理水平。本手册适用于大唐集团燃气-蒸汽联合循环发电企业，也可供其他燃气-蒸汽联合循环发电企业的各级技术与管理人员参考、学习使用。

编　者

2021 年 7 月

目 录

第一章

金属技术监督

一、基础管理工作

序号	监督项目	技术监督工作内容	达到目标	执行标准	完成时间	负责部门及负责人	监督检查人	执行人签名
1	规程制度	建立或修订专业管理规程、制度： （1）与金属技术监督有关的国家法律、法规及国家、行业、集团公司标准、规范、规程、制度； （2）金属技术监督管理标准； （3）受监设备（部件）运行、检修规程、作业指导书； （4）设备缺陷管理制度； （5）技术监督考核和奖惩制度； （6）技术监督培训管理制度； （7）设备台账、缺陷、检修、异动、技术改造及停、复役管理制度； （8）事故、事件及不符合管理制度	制度齐全、有效，并规范执行	Q/CDT 101 11 004《中国大唐集团有限公司联合循环发电厂技术监控规程》第 1 部分：金属技术监督	及时补充修订	技术监督专工、专业专工	总工程师	
2	技术资料、设备清册和台账	完善相关资料、台账： （1）受监金属部件的制造资料：包括部件的质量保证书或产品质保书，通常应包括部件材料牌号、化学成分、热加工工艺、力学性能、结构几何尺寸、强度计算书等；	技术资料、档案齐全，条目清晰	Q/CDT 101 11 004《中国大唐集团有限公司联合循环发电厂技术监控规程》第 1 部分：金属技术监督	及时滚动更新	技术监督专工、专业专工	总工程师	

续表

序号	监督项目	技术监督工作内容	达到目标	执行标准	完成时间	负责部门及负责人	监督检查人	执行人签名
2	技术资料、设备清册和台账	（2）受监金属部件的监造、安装前检验技术报告和资料； （3）四大管道设计图、安装技术资料等； （4）受压元件设计更改通知书； （5）安装、监理单位移交的有关技术报告和资料； （6）机组投运时间、累计运行小时数、启停次数； （7）机组或部件的设计、实际运行参数； （8）受热面管超温超压记录； （9）设备检修检验技术台账； （10）设备焊接修复、更换技术台账； （11）金属技术监督人员技术档案； （12）焊接、热处理、理化及无损检测人员技术档案	技术资料、档案齐全，条目清晰	Q/CDT 101 11 004《中国大唐集团有限公司联合循环发电厂技术监控规程》第1部分：金属技术监督	及时滚动更新	技术监督专工、专业专工	总工程师	
3	原始记录和试验报告	建立和完善相关原始记录及试验报告： （1）设备原始资料台账。 （2）受监金属部件入厂验收报告或记录。 （3）受监金属部件检修检验报告或记录，主要包括： 1）四大管道监督检验报告或记录； 2）受热面模块（管子）监督检验报告或记录； 3）锅筒监督检验报告或记录； 4）各类集箱监督检验报告或记录； 5）汽轮机部件监督检验报告或记录； 6）发电及部件监督检验报告或记录； 7）高温紧固件监督检验报告或记录；	记录、报告完整	Q/CDT 101 11 004《中国大唐集团有限公司联合循环发电厂技术监控规程》第1部分：金属技术监督	及时滚动更新	专业专工	技术监督专工	

续表

序号	监督项目	技术监督工作内容	达到目标	执行标准	完成时间	负责部门及负责人	监督检查人	执行人签名
3	原始记录和试验报告	8）大型铸件监督检验报告或记录； 9）锅炉钢结构监督检验报告或记录。 （4）受监金属部件失效分析报告。 （5）支吊架检查调整报告。 （6）专项检验试验报告	记录、报告完整	Q/CDT 101 11 004《中国大唐集团有限公司联合循环发电厂技术监控规程》第1部分：金属技术监督	及时滚动更新	专业专工	技术监督专工	

二、日常管理工作

序号	监督项目	技术监督工作内容	达到目标	执行标准	完成时间	负责部门及负责人	监督检查人	执行人签名
1	监督体系	应建立健全总工程师、专业技术监督工程师、相关专业或班组的专业技术人员组成的三级技术监督网，并明确岗位职责，做好日常的金属技术监督工作	网络完善，职责清晰	Q/CDT 101 11 004《中国大唐集团有限公司联合循环发电厂技术监控规程》第1部分：金属技术监督	每年	技术监督专工	总工程师	
2	年度计划	编制下年度监督工作计划，主要内容应包括： （1）规程、制度的制定及修订计划； （2）技术监督定期工作计划； （3）检修、技改期间应开展的技术监督项目计划； （4）技术监督发现问题整改计划； （5）专业设备及仪器仪表的检验、检定计划； （6）人员培训计划（主要包括内部培训、外部培训取证，规程宣贯）	内容全面、目标明确、流程细化	Q/CDT 101 11 004《中国大唐集团有限公司联合循环发电厂技术监控规程》第1部分：金属技术监督	每年12月20日前	技术监督专工	总工程师	

续表

序号	监督项目	技术监督工作内容	达到目标	执行标准	完成时间	负责部门及负责人	监督检查人	执行人签名
3	年度总结	主要内容包括： （1）监督指标完成情况； （2）完成的重点工作； （3）成绩和不足； （4）下一年度重点工作安排	总结及时、完整	《中国大唐集团有限公司发电企业技术监控管理办法》； Q/CDT 101 11 004《中国大唐集团有限公司联合循环发电厂技术监控规程》第 1 部分：金属技术监督	每年 1 月 10 日前	技术监督专工、专业专工	总工程师	
4	月度总结与计划	（1）对照月度工作计划，对实际工作开展情况进行检查，分析本月监督指标、存在问题； （2）依据年度工作计划、检修计划和问题整改计划等内容，制订合理的下月工作计划	总结全面、深刻，计划完整、具体	Q/CDT 101 11 004《中国大唐集团有限公司联合循环发电厂技术监控规程》第 1 部分：金属技术监督	每月底	技术监督专工、专业专工	总工程师	
5	月度报表	按照集团公司技术监督月度报表要求进行填报，并及时报送至科研院	数据准确、内容完整、格式正确	Q/CDT 101 11 004《中国大唐集团有限公司联合循环发电厂技术监控规程》第 1 部分：金属技术监督	每月 10 日前	技术监督专工、专业专工	总工程师	

三、专业管理工作

序号	监督项目	技术监督工作内容	达到目标	执行标准	完成时间	负责部门及负责人	监督检查人	执行人签名
1	专业会管理	每年至少召开一次金属技术监督专业会（可与月度技术监督专题会合开），总结技术监督工作，对技术监督中出现的问题提出处理意见和防范措施	按期执行、规范有效	《中国大唐集团有限公司发电企业技术监控管理办法》；	每年	技术监督专工	总工程师	

续表

序号	监督项目	技术监督工作内容	达到目标	执行标准	完成时间	负责部门及负责人	监督检查人	执行人签名
1	专业会管理	每年至少召开一次金属技术监督专业会（可与月度技术监督专题会合开），总结技术监督工作，对技术监督中出现的问题提出处理意见和防范措施	按期执行、规范有效	Q/CDT 101 11 004《中国大唐集团有限公司联合循环发电厂技术监控规程》第1部分：金属技术监督	每年	技术监督专工	总工程师	
2	机组技术改造	按计划开展机组技术改造，进行全过程技术监督，保证技改达到预计效果，及时补充、更新相关系统设备台账资料，修订相关系统设备的运行、检修规程等	达到预期目标	Q/CDT 101 11 004《中国大唐集团有限公司联合循环发电厂技术监控规程》第1部分：金属技术监督	按计划时间	技术监督专工、专业专工	总工程师	
3	技术培训、取证、复证考试，学术交流及技术研讨	按计划开展企业内部技术培训，及时参加科研院、集团公司、行业组织的各项培训取证和学术交流及技术研讨活动	提高专业技术水平	《中国大唐集团有限公司发电企业技术监控管理办法》； Q/CDT 101 11 004《中国大唐集团有限公司联合循环发电厂技术监控规程》第1部分：金属技术监督	按计划	技术监督专工、专业专工	总工程师	
4	动态检查	按要求开展技术监督动态检查的专业自查，并形成自查报告，认真配合科研院现场检查	规范自查、认真配合、提高水平	Q/CDT 101 11 004《中国大唐集团有限公司联合循环发电厂技术监控规程》第1部分：金属技术监督	上、下半年	技术监督专工、专业专工	总工程师	
5	缺陷处理与异常分析	（1）对专业缺陷及时进行处理、分析总结，编写处理分析报告； （2）对专业异常、事故情况进行分析处理，形成分析报告或纪要，留存档案，对照整改，主要事件及其处理情况列入月度报表上报	分析准确，查找根源，措施得当，处理有效	Q/CDT 101 11 004《中国大唐集团有限公司联合循环发电厂技术监控规程》第1部分：金属技术监督	每月底	技术监督专工、专业专工	总工程师	

续表

序号	监督项目	技术监督工作内容	达到目标	执行标准	完成时间	负责部门及负责人	监督检查人	执行人签名
6	监督预警	跟踪科研院下发的技术监督预警的整改完成情况，及时反馈预警通知回执单	按期完成预警整改	Q/CDT 101 11 004《中国人店集团有限公司联合循环发电厂技术监控规程》第 1 部分：金属技术监督	每月	技术监督专工、专业专工	总工程师	
7	专项排查	跟踪科研院下发的技术监督专项排查通知的完成情况，及时反馈排查情况报告	按期完成排查与报告	Q/CDT 101 11 004《中国大唐集团有限公司联合循环发电厂技术监控规程》第 1 部分：金属技术监督	每月	技术监督专工、专业专工	总工程师	
8	技术监督发现问题的管理与闭环	每月核对技术监督发现的问题（包括企业自查发现的问题，科研院发出的监督预警、专项排查、动态检查发现的问题等）整改情况，并在信息管理系统录入针对问题采取的整改措施和完成情况	更新及时，整改完成或整改方案制订及时、完整	Q/CDT 101 11 004《中国大唐集团有限公司联合循环发电厂技术监控规程》第 1 部分：金属技术监督	每月	技术监督专工、专业专工	总工程师	

四、指标管理

序号	监督项目	技术监督工作内容	达到目标	执行标准	完成时间	负责部门及负责人	监督检查人	执行人签名
1	检验计划完成率	（1）严格执行年度工作计划和检修工作计划； （2）检查检修完成的检验数量、项目、方法是否符合要求； （3）检查检修发现的问题是否进行整改，整改结果是否符合要求	完成率 95%以上	Q/CDT 101 11 004《中国大唐集团有限公司联合循环发电厂技术监控规程》第 1 部分：金属技术监督	检验后 1 周内	专业专工	技术监督专工	

续表

序号	监督项目	技术监督工作内容	达到目标	执行标准	完成时间	负责部门及负责人	监督检查人	执行人签名
2	锅炉“四管”焊口一次合格率	检查锅炉“四管”焊口一次合格率，确保外观和无损探伤检查不得有裂纹、深度咬边、气孔、夹渣、凹坑等危害性缺陷	考核指标95%［针对受热面大面积（焊口数量大于或等于100）换管时统计］	Q/CDT 101 11 004《中国大唐集团有限公司联合循环发电厂技术监控规程》第1部分：金属技术监督	结合检修	专业专工	技术监督专工	
3	试验仪器仪表校验率	实验室强检设备按时校验，自检设备按时自检	100%完成	Q/CDT 101 11 004《中国大唐集团有限公司联合循环发电厂技术监控规程》第1部分：金属技术监督	按计划完成	专业专工	技术监督专工	
4	监督预警问题按时整改完成率	跟踪预警问题整改情况	100%完成	Q/CDT 101 11 004《中国大唐集团有限公司联合循环发电厂技术监控规程》第1部分：金属技术监督	按预警规定执行	技术监督专工、专业专工	总工程师	
5	动态检查问题按时整改完成率	跟踪动态检查问题整改情况	从发电企业收到动态检查报告之日起，第1年整改完成率不低于85%；第2年整改完成率不低于95%	Q/CDT 101 11 004《中国大唐集团有限公司联合循环发电厂技术监控规程》第1部分：金属技术监督	按计划完成	技术监督专工、专业专工	总工程师	

续表

序号	监督项目	技术监督工作内容	达到目标	执行标准	完成时间	负责部门及负责人	监督检查人	执行人签名
6	受监金属部件超标缺陷消除率	针对超标缺陷进行原因分析，制订整改方案消缺	应大于或等于95%。不能及时消缺的，应监督运行，并制订监督运行方案、最终处理计划和时间表。监督运行部件，应有审批手续并备案，由专人负责	Q/CDT 101 11 004《中国大唐集团有限公司联合循环发电厂技术监控规程》第1部分：金属技术监督	按计划完成	专业专工	技术监督专工	

五、试验与检验

序号	监督项目	技术监督工作内容	达到目标	执行标准	完成时间	负责部门及负责人	监督检查人	执行人签名
1	支吊架检查	结合机组运行和停机机会开展支吊架冷热态检查	所有管道支吊架处于良好的运行状态	Q/CDT 101 11 004《中国大唐集团有限公司联合循环发电厂技术监控规程》第1部分：金属技术监督	A修前后	专业专工	技术监督专工	
2	失效部件失效分析试验	针对发生失效的部件，委托科研单位开展失效分析工作，分析失效原因，避免类似事故再次发生	消除隐患	Q/CDT 101 11 004《中国大唐集团有限公司联合循环发电厂技术监控规程》第1部分：金属技术监督	必要时	专业专工	技术监督专工	

续表

序号	监督项目	技术监督工作内容	达到目标	执行标准	完成时间	负责部门及负责人	监督检查人	执行人签名
3	备品入厂验收监督	审查出厂证明文件、外观检查是否符合相关规定，合金钢开展100%材质复核验收，根据备品特点及相关规程和规定采用相关的其他验收手段开展入厂验收工作，例如检查奥氏体不锈钢弯管是否弯制后进行了固溶热处理、争气1号钢制螺栓宏观粗晶是否满足标准要求、高温合金螺栓晶粒是否均匀、是否存在带状组织、9Cr系材料管道周向硬度是否都满足标准要求等	入厂设备100%合格	Q/CDT 101 11 004《中国大唐集团有限公司联合循环发电厂技术监控规程》第1部分：金属技术监督	必要时	专业专工	技术监督专工	
4	运行期间巡检监督	运行期间定期开展巡检检查，主要检查管道、阀门外部保温是否完整，是否存在滴水、漏汽现象。检查管道吊架是否存在明显失效和振动超标现象，检查锅炉膨胀指示器是否完整、指针是否在量程范围内，检查锅炉是否存在漏热现象等	保证设备安全稳定运行	Q/CDT 101 11 004《中国大唐集团有限公司联合循环发电厂技术监控规程》第1部分：金属技术监督	每周至少一次	专业专工	技术监督专工	
5	检修过程中检测单位的工作抽查	检修过程中及时跟踪外委检测单位的检验数量、方法和质量是否满足要求。抽检外委单位射线底片，检查外委单位仪器设备是否符合要求，检查外委单位的检测比例是否符合要求，检查现场检验工作是否按照作业指导书开展，检查检验结果是否真实可靠	保证现场检验质量	Q/CDT 101 11 004《中国大唐集团有限公司联合循环发电厂技术监控规程》第1部分：金属技术监督	结合检修	专业专工	技术监督专工	

六、检修监督

序号	监督项目	技术监督工作内容	达到目标	执行标准	完成时间	负责部门及负责人	监督检查人	执行人签名
1	检修计划	根据检修等级、设备状况确定检修前试验摸底项目、检修项目、检修过程技术监督项目、检修质量验收计划、检修再鉴定与系统恢复试验计划及修后性能验收等计划内容，形成检修技术材料	计划项目完整、过程监督规范、检修质量达标	Q/CDT 101 11 004《中国大唐集团有限公司联合循环发电厂技术监控规程》第1部分：金属技术监督	结合检修	技术监督专工、专业专工	总工程师	
2	检修总结	根据DL/T 838《燃煤火力发电企业设备检修导则》的技术要求，结合检修准备、实施与结果等情况进行检修总结，提出全面的检修总结报告	规范、准确，全面、完整	DL/T 838《燃煤火力发电企业设备检修导则》； Q/CDT 101 11 004《中国大唐集团有限公司联合循环发电厂技术监控规程》第1部分：金属技术监督	机组复役后30天内	技术监督专工、专业专工	总工程师	
3	机、炉外小管	制订机、炉外小管的普查计划，并落实执行，在台账中如实记录机、炉外小管的检修检验情况	计划完整，覆盖率高，台账清晰	Q/CDT 101 11 004《中国大唐集团有限公司联合循环发电厂技术监控规程》第1部分：金属技术监督	必要时	专业专工	技术监督专工	
4	与水、水汽介质管道相连的小口径管	（1）A修管座角焊缝按不少于20%的比例进行检验； （2）检验内容包括角焊缝宏观检测、表面检测； （3）后次抽查部位为前次未检部位，至3个A修周期完成进行100%检验； （4）对累计运行至4个A修周期的容易引起热疲劳（疏水、排气、温度计等）小口径管，根据检查情况，宜结合检修进行更换	消除缺陷，保证设备安全运行	Q/CDT 101 11 004《中国大唐集团有限公司联合循环发电厂技术监控规程》第1部分：金属技术监督	3个A修周期完成进行100%检验	专业专工	技术监督专工	

续表

序号	监督项目	技术监督工作内容	达到目标	执行标准	完成时间	负责部门及负责人	监督检查人	执行人签名
5	与高温蒸汽管道相连的管道、小口径管	A 修管座角焊缝按不低于 20%进行无损检测，累计运行至 3 个 A 修周期抽查完毕。二次门前所有对接焊缝，首次 A 级检修时，按不低于 20%进行射线或超声波检测抽查。对联络管（旁通管）、高压门杆漏气管道、疏水管等容易引起热疲劳小口径管道的管段、管件和阀壳，累计运行 4 个 A 修周期，根据检查情况，宜全部更换	消除缺陷，保证设备安全运行	Q/CDT 101 11 004《中国大唐集团有限公司联合循环发电厂技术监控规程》第 1 部分：金属技术监督	3 个 A 修周期抽查完毕	专业专工	技术监督专工	
6	与低温蒸汽管道相连的小口径管	（1）管座角焊缝按不小于 10%的比例进行检验，检验内容包括外观检查、表面检测； （2）后次抽查部位为前次未检部位	消除缺陷，保证设备安全运行	Q/CDT 101 11 004《中国大唐集团有限公司联合循环发电厂技术监控规程》第 1 部分：金属技术监督	A 修时	专业专工	技术监督专工	
7	存在超标缺陷部件的监督	对于存在超标缺陷危及安全运行的部件，应及时进行处理；暂不具备处理条件的，应经安全性评定制订明确的监督运行措施，并严格执行	消除缺陷，保证设备安全运行	Q/CDT 101 11 004《中国大唐集团有限公司联合循环发电厂技术监控规程》第 1 部分：金属技术监督	必要时	专业专工	技术监督专工	
8	未处理超标缺陷的复查	对于存在超标缺陷并处在监督运行的部件，应利用检修机会进行复查	消除缺陷，保证设备安全运行	Q/CDT 101 11 004《中国大唐集团有限公司联合循环发电厂技术监控规程》第 1 部分：金属技术监督	必要时	专业专工	技术监督专工	

续表

序号	监督项目	技术监督工作内容	达到目标	执行标准	完成时间	负责部门及负责人	监督检查人	执行人签名
9	检修中受监部件换管焊口、消缺补焊后的检验	应进行100%无损探伤，同时在台账中及时更新更换的位置和数量，便于管理	消除缺陷，保证设备安全运行	Q/CDT 101 11 004《中国大唐集团有限公司联合循环发电厂技术监控规程》第1部分：金属技术监督	必要时	专业专工	技术监督专工	
10	检验记录或技术报告	检修结束后，督促检测单位出具相应的技术报告，报告内容和要求应符合标准规定	报告及时、准确	Q/CDT 101 11 004《中国大唐集团有限公司联合循环发电厂技术监控规程》第1部分：金属技术监督	检修后1个月内	专业专工	技术监督专工	
11	大修项目的完成情况	应按照大修前所制订的检修计划进行检修，检修计划项目应符合标准规定，并符合电厂设备实际状况	按计划进行，无增项、无减项	Q/CDT 101 11 004《中国大唐集团有限公司联合循环发电厂技术监控规程》第1部分：金属技术监督	检修过程中	专业专工	技术监督专工	
12	检修中焊接监督	审核检修过程中的焊接工艺，抽查焊材质量、焊接及热处理过程控制措施、焊后检测时机及结果，对重要部件的焊接（补焊）进行全过程跟踪监督	焊接工艺、焊接和热处理过程，以及焊后检测符合标准要求	Q/CDT 101 11 004《中国大唐集团有限公司联合循环发电厂技术监控规程》第1部分：金属技术监督	必要时	技术监督专工	总工程师	
13	水、水汽介质管道	应按照国家、行业及Q/CDT 101 11 004《中国大唐集团有限公司联合循环发电厂技术监控规程》规定的检验项目、检验比例进行检验。对管道焊缝按10%的比例进行外观质量检验和无损检测	消除缺陷，保证设备安全运行	Q/CDT 101 11 004《中国大唐集团有限公司联合循环发电厂技术监控规程》第1部分：金属技术监督	检修过程中	专业专工	技术监督专工	

续表

序号	监督项目	技术监督工作内容	达到目标	执行标准	完成时间	负责部门及负责人	监督检查人	执行人签名
14	高温蒸汽管道	应按照国家、行业及 Q/CDT 101 11 004《中国大唐集团有限公司联合循环发电厂技术监控规程》规定的检验项目、检验比例进行检验。应对每类高温蒸汽管道焊缝、管件及阀壳按不低于10%的比例进行检验。后次A级检修或B级检修抽查的范围，应为前次未检部位。检修抽检部位应先完成厚壁部件三通、弯头等应力集中部件的检测，后续检修采取抽检方式再次复检。对于9Cr系材料管道，应加强布氏硬度和显微组织跟踪检测，对返修焊口应制订监督运行方案，利用A修或B修开展跟踪复检	消除缺陷，保证设备安全运行	Q/CDT 101 11 004《中国大唐集团有限公司联合循环发电厂技术监控规程》第1部分：金属技术监督	3个A级检修完成全部焊缝的检验	专业专工	技术监督专工	
15	低温蒸汽管道	应按照国家、行业及 Q/CDT 101 11 004《中国大唐集团有限公司联合循环发电厂技术监控规程》规定的检验项目、检验比例进行检验。抽取不小于10%比例的焊缝进行检测	消除缺陷，保证设备安全运行	Q/CDT 101 11 004《中国大唐集团有限公司联合循环发电厂技术监控规程》第1部分：金属技术监督	检修时	专业专工	技术监督专工	
16	高温集箱	应按照国家、行业及 Q/CDT 101 11 004《中国大唐集团有限公司联合循环发电厂技术监控规程》规定的检验项目、检验比例进行检验。封头、筒体环焊缝抽1道，管座角焊缝20%进行无损检测，后次A级检修中检查焊缝为前次未检查焊缝；按筒节、焊缝数量的10%、过渡段100%进行硬度和金相组织检验，后次检查为首次检查部位或邻近区域。至3个A级检修完成全部焊缝的检验	消除缺陷，保证设备安全运行	Q/CDT 101 11 004《中国大唐集团有限公司联合循环发电厂技术监控规程》第1部分：金属技术监督	3个A级检修完成全部焊缝的检验	专业专工	技术监督专工	

续表

序号	监督项目	技术监督工作内容	达到目标	执行标准	完成时间	负责部门及负责人	监督检查人	执行人签名
17	低温集箱	应按照国家、行业及 Q/CDT 101 11 004《中国大唐集团有限公司联合循环发电厂技术监控规程》规定的检验项目、检验比例进行检验	消除缺陷，保证设备安全运行	Q/CDT 101 11 004《中国大唐集团有限公司联合循环发电厂技术监控规程》第 1 部分：金属技术监督	检修时	专业专工	技术监督专工	
18	受热面（模块）	应按照国家、行业及 Q/CDT 101 11 004《中国大唐集团有限公司联合循环发电厂技术监控规程》规定的检验项目、检验比例进行检验。对受热面模块可检查部位进行宏观检查，对腐蚀、磨损减薄部位进行壁厚测量	消除缺陷，保证设备安全运行	Q/CDT 101 11 004《中国大唐集团有限公司联合循环发电厂技术监控规程》第 1 部分：金属技术监督	检修时	专业专工	技术监督专工	
19	锅筒	应按照国家、行业及 Q/CDT 101 11 004《中国大唐集团有限公司联合循环发电厂技术监控规程》规定的检验项目、检验比例进行检验，对分散下降管、给水管、饱和蒸汽引出管等管座角焊缝按 10%抽查进行表面检查和无损检测，在锅炉运行至 3 个 A 级检修期时，完成 100%检验	消除缺陷，保证设备安全运行	Q/CDT 101 11 004《中国大唐集团有限公司联合循环发电厂技术监控规程》第 1 部分：金属技术监督	3 个 A 级检修期时，完成 100%检验	专业专工	技术监督专工	
20	燃气轮机监督	应按照国家、行业及 Q/CDT 101 11 004《中国大唐集团有限公司联合循环发电厂技术监控规程》规定的检验项目、检验比例进行检验，对易发生疲劳损伤的金属部件和部位重点进行宏观检查及无损检测	消除缺陷，保证设备安全运行	Q/CDT 101 11 004《中国大唐集团有限公司联合循环发电厂技术监控规程》第 1 部分：金属技术监督	检修时	专业专工	技术监督专工	

续表

序号	监督项目	技术监督工作内容	达到目标	执行标准	完成时间	负责部门及负责人	监督检查人	执行人签名
21	汽轮机部件监督	应按照国家、行业及 Q/CDT 101 11 004《中国大唐集团有限公司联合循环发电厂技术监控规程》规定的检验项目、检验比例进行检验，每次 A 级检修对低压转子末三级、高中压转子末一级叶片（包括叶身和叶根）进行无损检测；对高、中、低压转子末级套装叶轮轴向键槽部位进行超声波检测。累计运行 10 万 h 后的第 1 次 A 级检修，对转子大轴进行无损检测；累计运行 20 万 h 的机组，每次 A 级检修应对转子大轴进行无损检测	消除缺陷，保证设备安全运行	Q/CDT 101 11 004《中国大唐集团有限公司联合循环发电厂技术监控规程》第 1 部分：金属技术监督	检修时	专业专工	技术监督专工	
22	发电机部件监督	应按照国家、行业及 Q/CDT 101 11 004《中国大唐集团有限公司联合循环发电厂技术监控规程》规定的检验项目、检验比例进行检验。对转子大轴、护环、风冷扇叶等部件进行表面检查，累计运行 10 万 h 后的第 1 次 A 级检修，应视设备状况对转子大轴的可检测部位进行无损检测。对 Mn18Cr18 系材料的护环，在机组第 3 次 A 级检修开始进行晶间裂纹检查	消除缺陷，保证设备安全运行	Q/CDT 101 11 004《中国大唐集团有限公司联合循环发电厂技术监控规程》第 1 部分：金属技术监督	检修时	专业专工	技术监督专工	
23	高温紧固件监督	应按照国家、DL/T 439《火力发电厂高温紧固件技术导则》及 Q/CDT 101 11 004《中国大唐集团有限公司联合循环发电厂技术监控规程》规定的检验项目、检验比例进行检验。对于大于或等于 M32 的高温螺栓和汽轮机、发电机对轮螺栓，进行 100%的超声波检测和硬度检验；累计运行时间达 5 万 h，应根据螺栓的规格和材料，抽查 1/10 数量的螺栓进行金相组织检验	消除缺陷，保证设备安全运行	Q/CDT 101 11 004《中国大唐集团有限公司联合循环发电厂技术监控规程》第 1 部分：金属技术监督	检修中	专业专工	技术监督专工	

续表

序号	监督项目	技术监督工作内容	达到目标	执行标准	完成时间	负责部门及负责人	监督检查人	执行人签名
24	外包工程管理	（1）审核外包单位资质。 （2）专人负责外包受监金属项目的监督、执行。 （3）外包单位应具备以下文件（应提供技术报告和记录）： 1）焊接工艺评定项目覆盖焊接工作范围； 2）完善的项目技术措施； 3）持证焊工； 4）焊接质量检验能力	制度完整，管理规范	Q/CDT 101 11 004《中国大唐集团有限公司联合循环发电厂技术监控规程》第 1 部分：金属技术监督	检修前后	专业专工	技术监督专工	

第二章

化学技术监督

一、基础管理工作

序号	监督项目	技术监督工作内容	达到目标	执行标准	完成时间	负责部门及负责人	监督检查人	执行人签名
1	规程制度	建立或修订专业管理规程、制度（不局限于以下内容）： （1）化学运行规程； （2）化学设备检修工艺规程； （3）在线化学仪表维护、检验规程； （4）化学实验室管理规定； （5）机组检修化学检查规定； （6）化学大宗物资（材料、油品、气体、药剂等）的验收、保管规定； （7）油品质量管理规定； （8）燃料质量管理监督规定； （9）气体监督管理规定； （10）热力设备停（备）用防锈蚀制度	制度齐全、有效，并规范执行	Q/CDT 101 11 004《中国大唐集团有限公司联合循环发电厂技术监控规程》第 2 部分：化学技术监督	及时补充修订	技术监督专工、专业专工	总工程师	
2	技术资料、设备清册和台账	完善相关资料、台账： （1）基建阶段技术资料； （2）设备清册、台账及图纸资料； （3）运行报告和记录；	技术资料、档案齐全，条目清晰	Q/CDT 101 11 004《中国大唐集团有限公司联合循环发电厂技术监控	及时滚动更新	技术监督专工、专业专工	总工程师	

续表

序号	监督项目	技术监督工作内容	达到目标	执行标准	完成时间	负责部门及负责人	监督检查人	执行人签名
2	技术资料、设备清册和台账	（4）检修维护记录和报告； （5）监督管理文件	技术资料、档案齐全，条目清晰	规程》第 2 部分：化学技术监督	及时滚动更新	技术监督专工、专业专工	总工程师	
3	原始记录和试验报告	建立和完善相关原始记录及试验报告： （1）化学实验室水汽质量查定记录和台账； （2）机组运行水汽质量记录报表； （3）汽轮机油、抗燃油和电气设备用油、气试验检测记录，报告和台账； （4）机组启动水汽化学监督记录； （5）机组检修热力设备结垢、积盐和腐蚀检查台账； （6）预处理、补给水处理、凝结水精处理、循环水处理、制氢（供氢）等系统运行记录； （7）水质异常记录报表； （8）油质异常记录报表	记录、报告完整	Q/CDT 101 11 004《中国大唐集团有限公司联合循环发电厂技术监控规程》第 2 部分：化学技术监督	及时滚动更新	技术监督专工、专业专工	总工程师	

二、日常管理工作

序号	监督项目	技术监督工作内容	达到目标	执行标准	完成时间	负责部门及负责人	监督检查人	执行人签名
1	监督体系	应建立健全总工程师、专业技术监督工程师、有关部门的专业或班组的专业技术人员组成的三级技术监督网，并明确岗位职责，做好日常的化学技术监督工作	网络完善，职责清晰	Q/CDT 101 11 004《中国大唐集团有限公司联合循环发电厂技术监控规程》第 2 部分：化学技术监督	每年	技术监督专工	总工程师	

续表

序号	监督项目	技术监督工作内容	达到目标	执行标准	完成时间	负责部门及负责人	监督检查人	执行人签名
2	年度计划	编制下年度监督工作计划，主要内容应包括： （1）规程、制度的制定及修订计划； （2）技术监督定期工作计划； （3）检修、技改期间应开展的技术监督项目计划； （4）技术监督发现问题整改计划； （5）专业设备及仪器仪表的检验、检定计划； （6）人员培训计划（主要包括内部培训、外部培训取证，规程宣贯）	内容全面、目标明确、流程细化	Q/CDT 101 11 004《中国大唐集团有限公司联合循环发电厂技术监控规程》第2部分：化学技术监督	每年12月20日前	技术监督专工	总工程师	
3	年度总结	主要内容包括： （1）监督指标完成情况； （2）完成的重点工作； （3）成绩和不足； （4）下一年度重点工作安排	总结及时、完整	Q/CDT 101 11 004《中国大唐集团有限公司联合循环发电厂技术监控规程》第2部分：化学技术监督	每年1月10日前	技术监督专工、专业专工	总工程师	
4	月度计划与总结	对照月度工作计划，对实际工作开展情况进行检查，分析本月监督指标存在问题；依据年度工作计划、检修计划和问题整改计划等内容，制订合理的下月工作计划	总结全面、深刻，计划完整、具体	Q/CDT 101 11 004《中国大唐集团有限公司联合循环发电厂技术监控规程》第2部分：化学技术监督	每月底	技术监督专工、专业专工	总工程师	
5	月度报表	按照集团公司技术监督月度报表要求进行填报，并及时报送至科研院	数据准确、内容完整、格式正确	Q/CDT 101 11 004《中国大唐集团有限公司联合循环发电厂技术监控规程》第2部分：化学技术监督	每月10日前	技术监督专工、专业专工	总工程师	

三、专业管理工作

序号	监督项目	技术监督工作内容	达到目标	执行标准	完成时间	负责部门及负责人	监督检查人	执行人签名
1	专业会管理	每年至少召开一次化学技术监督专业会（可与月度技术监督专题会合开），总结技术监督工作，对技术监督中出现的问题提出处理意见和防范措施	按期执行、规范有效	Q/CDT 101 11 004《中国大唐集团有限公司联合循环发电厂技术监控规程》第2部分：化学技术监督	每年	技术监督专工	总工程师	
2	动态检查	按要求开展技术监督动态检查的专业自查，并形成自查报告，认真配合科研院现场检查	规范自查、认真配合、提高水平	Q/CDT 101 11 004《中国大唐集团有限公司联合循环发电厂技术监控规程》第2部分：化学技术监督	上、下半年	技术监督专工、专业专工	总工程师	
3	异常情况	对专业异常、事故情况进行分析处理，形成分析报告或纪要，留存档案，对照整改，主要事件及其处理情况列入月度报表上报	分析准确、措施得当、处理有效	Q/CDT 101 11 004《中国大唐集团有限公司联合循环发电厂技术监控规程》第2部分：化学技术监督	每月底	技术监督专工、专业专工	总工程师	
4	缺陷处理	对专业缺陷及时进行处理、分析总结，编写处理分析报告	分析规律，查找根源，制订措施，降低发生率	Q/CDT 101 11 004《中国大唐集团有限公司联合循环发电厂技术监控规程》第2部分：化学技术监督	每月底	专业专工	技术监督专工	
5	机组技术改造或设备异动	按计划开展的机组技术改造或专业设备异动，进行全过程技术监督，保证技改或异动达到预计效果，及时补充、更新相关系统设备台账资料，修订相关系统设备的运行、检修规程等	达到预期目标	Q/CDT 101 11 004《中国大唐集团有限公司联合循环发电厂技术监控规程》第2部分：化学技术监督	按计划时间	技术监督专工、专业专工	总工程师	

续表

序号	监督项目	技术监督工作内容	达到目标	执行标准	完成时间	负责部门及负责人	监督检查人	执行人签名
6	技术培训、取证、复证考试，学术交流及技术研讨	按计划开展企业内部技术培训，及时参加科研院、集团公司、行业组织的各项培训取证和学术交流及技术研讨活动	提高专业技术水平	Q/CDT 101 11 004《中国大唐集团有限公司联合循环发电厂技术监控规程》第 2 部分：化学技术监督	按计划	技术监督专工、专业专工	总工程师	
7	监督预警	跟踪科研院下发的技术监督预警的整改完成情况，及时反馈预警通知回执单	按期完成预警整改	Q/CDT 101 11 004《中国大唐集团有限公司联合循环发电厂技术监控规程》第 2 部分：化学技术监督	每月	技术监督专工、专业专工	总工程师	
8	专项排查	跟踪科研院下发的技术监督专项排查通知的完成情况，及时反馈排查情况报告	按期完成排查与报告	Q/CDT 101 11 004《中国大唐集团有限公司联合循环发电厂技术监控规程》第 2 部分：化学技术监督	每月	技术监督专工、专业专工	总工程师	
9	技术监督发现问题的管理与闭环	每月核对技术监督发现的问题（包括企业自查发现的问题，科研院发出的监督预警、专项排查、动态检查发现的问题等）整改情况，并在信息管理系统录入针对问题采取的整改措施和完成情况	更新及时，整改完成或整改方案制订及时、完整	Q/CDT 101 11 004《中国大唐集团有限公司联合循环发电厂技术监控规程》第 2 部分：化学技术监督	每月	技术监督专工、专业专工	总工程师	

四、指标管理

序号	监督项目	技术监督工作内容	达到目标	执行标准	完成时间	负责部门及负责人	监督检查人	执行人签名
1	水汽平均合格率	加强水质监督及处理，按规定进行加药、排污，尽量将水质指标控制在行业标准期望值范围内	合格率不低于98%	Q/CDT 101 11 004《中国大唐集团有限公司联合循环发电厂技术监控规程》第2部分：化学技术监督	每月	技术监督专工、专业专工	总工程师	
2	全厂涡轮机油合格率	机组启动前必须保证油质合格，定期对油质进行检测，出现下降趋势及时进行处理	按各单机合格率计算平均值，应达98%，颗粒度应达100%	Q/CDT 101 11 004《中国大唐集团有限公司联合循环发电厂技术监控规程》第2部分：化学技术监督	每月	技术监督专工、专业专工	总工程师	
3	全厂变压器油合格率	定期对油质进行检测，出现下降趋势及时进行处理	按各单机合格率计算平均值，应达98%	Q/CDT 101 11 004《中国大唐集团有限公司联合循环发电厂技术监控规程》第2部分：化学技术监督	每月	技术监督专工、专业专工	总工程师	
4	运行中涡轮机油和变压器油的油耗	检查运行中涡轮机油的油耗、变压器油的油耗是否满足要求	涡轮机油的油耗应不大于10%，变压器油的油耗应不大于1%	Q/CDT 101 11 004《中国大唐集团有限公司联合循环发电厂技术监控规程》第2部分：化学技术监督	每月	技术监督专工、专业专工	总工程师	
5	全厂抗燃油合格率	定期对油质进行检测，出现下降趋势及时进行处理	按各单机合格率计算平均值，应达98%，颗粒度应达100%	Q/CDT 101 11 004《中国大唐集团有限公司联合循环发电厂技术监控规程》第2部分：化学技术监督	每月	技术监督专工、专业专工	总工程师	

续表

序号	监督项目	技术监督工作内容	达到目标	执行标准	完成时间	负责部门及负责人	监督检查人	执行人签名
6	氢气质量合格率	加强对制氢设备维护，加强制氢过程中的运行监督，定期对氢储罐进行排污	合格率 100%	Q/CDT 101 11 004《中国大唐集团有限公司联合循环发电厂技术监控规程》第 2 部分：化学技术监督	每月	技术监督专工、专业专工	总工程师	
7	主要在线化学仪表的三率统计	加强在线仪表维护，定期进行校验	配备率应为100%，投入率不低于98%，准确率不低于 96%	Q/CDT 101 11 004《中国大唐集团有限公司联合循环发电厂技术监控规程》第 2 部分：化学技术监督	每月	技术监督专工、专业专工	总工程师	
8	应送检仪器仪表送检率	年初制订仪表检定计划，按期对仪表进行送检，在仪表外观明显处贴检定合格证，便于提醒下次检定时间	送检率 100%	Q/CDT 101 11 004《中国大唐集团有限公司联合循环发电厂技术监控规程》第 2 部分：化学技术监督	每月	技术监督专工、专业专工	总工程师	

五、试验与检验

序号	监督项目	技术监督工作内容	达到目标	执行标准	完成时间	负责部门及负责人	监督检查人	执行人签名
1	水汽系统查定试验	对除盐水、水处理设备出水、给水、锅炉水、蒸汽、循环水等水质进行监测分析	检测率 100%	《火力发电厂水汽试验方法标准规程汇编》等	每季度	技术监督专工、专业专工	总工程师	
2	涡轮机油、抗燃油、变压器油、机械油等定期油质分析	进行油质检测分析	检测率 100%	《电力用油、气质量、试验方法及监督管理标准汇编》等	按监督定期工作开展	技术监督专工、专业专工	总工程师	

续表

序号	监督项目	技术监督工作内容	达到目标	执行标准	完成时间	负责部门及负责人	监督检查人	执行人签名
3	用油设备大、小修油质监督试验	检修前后进行油质检测分析	检测率100%	GB/T 14541《电厂用矿物涡轮机油维护管理导则》；GB/T 14542《变压器油维护管理导则》	按监督定期工作开展	技术监督专工、专业专工	总工程师	
4	水处理主要设备、材料和化学药品检验	对水处理主要设备、材料和化学药品进行检验	检测率100%	DL/T 519《发电厂水处理用离子交换树脂验收标准》；GB 320《工业用合成盐酸》；GB/T 209《工业用氢氧化钠》	按需要定期开展工作	专业专工	技术监督专工	
5	六氟化硫质量检测	六氟化硫新气和运行六氟化硫质量检测	检测率100%	GB/T 8905《六氟化硫电气设备中气体管理和检测导则》；GB/T 12022《工业六氟化硫》	按需要定期开展工作	专业专工	技术监督专工	
6	仪用气体质量检测	仪用压缩空气质量检测	检测率100%	GB/T 4830《工业自动化仪表 气源压力范围和质量》	按需要定期开展工作	专业专工	技术监督专工	
7	实验室仪器仪表定期检定与校验	定期对实验室仪器仪表等进行计量检定与校验	强检仪器100%检定	DL/T 913《发电厂水质分析仪器质量验收导则》	按检定周期定期开展工作	专业专工	技术监督专工	
8	在线化学仪表检验	对在线化学仪表进行维护、校验等	仪表准确率不低于96%	DL/T 677《发电厂在线化学仪表检验规程》	按监督定期开展工作	技术监督专工、专业专工	总工程师	

六、检修监督

序号	监督项目	技术监督工作内容	达到目标	执行标准	完成时间	负责部门及负责人	监督检查人	执行人签名
1	检修计划	根据检修等级、设备状况确定检修前试验项目、检修项目、检修过程技术监督项目、检修质量验收计划、检修再鉴定与系统恢复试验计划及修后性能验收等计划内容，形成检修技术材料	计划项目完整、过程监督规范、检修质量达标	Q/CDT 101 11 004《中国大唐集团有限公司联合循环发电厂技术监控规程》第 2 部分：化学技术监督	结合检修	技术监督专工、专业专工	总工程师	
2	检修总结	根据 DL/T 1115《火力发电厂机组大修化学检查导则》的技术要求，结合检修准备、实施与结果等情况进行检修总结，提出全面的检修总结报告	规范、准确，全面、完整	DL/T 1115《火力发电厂机组大修化学检查导则》； Q/CDT 101 11 004《中国大唐集团有限公司联合循环发电厂技术监控规程》第 2 部分：化学技术监督	机组复役后 30 天内	技术监督专工、专业专工	总工程师	

第三章

绝缘技术监督

一、基础管理工作

序号	监督项目	技术监督工作内容	达到目标	执行标准	完成时间	负责部门及负责人	监督检查人	执行人签名
1	规程制度	建立和完善相关技术资料： （1）电气设备运行规程； （2）电气设备检修规程； （3）电气设备预防性试验规程； （4）高压试验设备、仪器仪表管理制度； （5）安全工器具管理标准	制度齐全、有效，并规范执行	Q/CDT 101 11 004《中国大唐集团有限公司联合循环发电厂技术监控规程》第3部分：绝缘技术监督	及时补充修订	技术监督专工、专业专工	总工程师	
2	技术资料、设备清册和台账	建立和完善相关技术资料： （1）电气设备台账、安装使用说明书、产品证明书和随设备供应的图纸资料； （2）设备的运行、检修、技术改造记录和有关运行、检修、技改的专题总结； （3）设备缺陷统计资料和缺陷处理记录，事故分析报告和采取的措施； （4）符合实际情况的电气设备一次系统图、防雷保护与接地网图纸； （5）配备、更新国家及行业有关标准、规定、制度	技术资料、档案齐全，条目清晰	Q/CDT 101 11 004《中国大唐集团有限公司联合循环发电厂技术监控规程》第3部分：绝缘技术监督	及时滚动更新	技术监督专工、专业专工	总工程师	

续表

序号	监督项目	技术监督工作内容	达到目标	执行标准	完成时间	负责部门及负责人	监督检查人	执行人签名
3	原始记录和试验报告	建立和完善相关技术资料： （1）滚动更新电气设备、外绝缘和仪器设备电子台账； （2）及时编制收集、完善、分类归档电气设备出厂试验报告，交接试验报告，预试报告和大小修试验报告； （3）反映预试情况的图表或卡片或微机记录	记录、报告完整	Q/CDT 101 11 004《中国大唐集团有限公司联合循环发电厂技术监控规程》第 3 部分：绝缘技术监督	及时滚动更新	专业专工	技术监督专工	

二、日常管理工作

序号	监督项目	技术监督工作内容	达到目标	执行标准	完成时间	负责部门及负责人	监督检查人	执行人签名
1	监督体系	应建立健全总工程师、专业技术监督工程师、有关部门的专业或班组的专业技术人员组成的三级技术监督网，并明确岗位职责，做好日常的绝缘技术监督工作	网络完善，职责清晰	Q/CDT 101 11 004《中国大唐集团有限公司联合循环发电厂技术监控规程》第 3 部分：绝缘技术监督	每年	技术监督专工	总工程师	
2	年度计划	编制下年度监督工作计划，主要内容应包括： （1）规程、制度的制定及修订计划； （2）技术监督定期工作计划； （3）检修、技改期间应开展的技术监督项目计划； （4）技术监督发现问题整改计划； （5）专业设备及仪器仪表的检验、检定计划； （6）人员培训计划（主要包括内部培训、外部培训取证，规程宣贯）	内容全面、目标明确、流程细化	Q/CDT 101 11 004《中国大唐集团有限公司联合循环发电厂技术监控规程》第 3 部分：绝缘技术监督	每年 12 月 20 日前	技术监督专工	总工程师	

续表

序号	监督项目	技术监督工作内容	达到目标	执行标准	完成时间	负责部门及负责人	监督检查人	执行人签名
3	年度总结	主要内容包括： （1）监督指标完成情况； （2）完成的重点工作； （3）成绩和不足； （4）下一年度重点工作安排	总结及时、完整	《中国大唐集团有限公司发电企业技术监控管理办法》； Q/CDT 101 11 004《中国大唐集团有限公司联合循环发电厂技术监控规程》第 3 部分：绝缘技术监督	每年 1 月 10 日前	技术监督专工、专业专工	总工程师	
4	月度总结与计划	对照月度工作计划，对实际工作开展情况进行检查，分析本月监督指标、存在问题；依据年度工作计划、检修计划和问题整改计划等内容，制订合理的下月工作计划	总结全面、深刻，计划完整、具体	Q/CDT 101 11 004《中国大唐集团有限公司联合循环发电厂技术监控规程》第 3 部分：绝缘技术监督	每月底	技术监督专工、专业专工	总工程师	
5	月度报表	按照集团公司技术监督月度报表要求进行填报，并及时报送至科研院	数据准确、内容完整、格式正确	Q/CDT 101 11 004《中国大唐集团有限公司联合循环发电厂技术监控规程》第 3 部分：绝缘技术监督	每月10日前	技术监督专工、专业专工	总工程师	

三、专业管理工作

序号	监督项目	技术监督工作内容	达到目标	执行标准	完成时间	负责部门及负责人	监督检查人	执行人签名
1	专业会管理	每年至少召开一次绝缘技术监督专业会(可与月度技术监督专题会合开)，总结技术监督工作，对技术监督中出现的问题提出处理意见和防范措施	按期执行、规范有效	《中国大唐集团有限公司发电企业技术监控管理办法》；	每年	技术监督专工	总工程师	

续表

序号	监督项目	技术监督工作内容	达到目标	执行标准	完成时间	负责部门及负责人	监督检查人	执行人签名
1	专业会管理	每年至少召开一次绝缘技术监督专业会（可与月度技术监督专题会合开），总结技术监督工作，对技术监督中出现的问题提出处理意见和防范措施	按期执行、规范有效	Q/CDT 101 11 004《中国大唐集团有限公司联合循环发电厂技术监控规程》第 3 部分：绝缘技术监督	每年	技术监督专工	总工程师	
2	动态检查	按要求开展技术监督动态检查的专业自查，并形成自查报告，认真配合科研院现场检查	规范自查、认真配合、提高水平	Q/CDT 101 11 004《中国大唐集团有限公司联合循环发电厂技术监控规程》第 3 部分：绝缘技术监督	上、下半年	技术监督专工、专业专工	总工程师	
3	机组技术改造或设备异动	按计划开展机组技术改造或进行专业设备异动，进行全过程技术监督，保证技改或异动达到预计效果，及时补充、更新相关系统设备台账资料，修订相关系统设备的运行、检修规程等	达到预期目标	Q/CDT 101 11 004《中国大唐集团有限公司联合循环发电厂技术监控规程》第 3 部分：绝缘技术监督	按计划时间	技术监督专工、专业专工	总工程师	
4	技术培训、取证、复证考试，学术交流及技术研讨	按计划开展企业内部技术培训，及时参加科研院、集团公司、行业组织的各项培训取证和学术交流及技术研讨活动	提高专业技术水平	《中国大唐集团有限公司发电企业技术监控管理办法》； Q/CDT 101 11 004《中国大唐集团有限公司联合循环发电厂技术监控规程》第 3 部分：绝缘技术监督	按计划	技术监督专工、专业专工	总工程师	

续表

序号	监督项目	技术监督工作内容	达到目标	执行标准	完成时间	负责部门及负责人	监督检查人	执行人签名
5	异常情况	对专业异常、事故情况进行分析处理，形成分析报告或纪要，留存档案，对照整改，主要事件及其处理情况列入月度报表上报	分析准确、措施得当、处理有效	Q/CDT 101 11 004《中国大唐集团有限公司联合循环发电厂技术监控规程》第3部分：绝缘技术监督	每月底	技术监督专工、专业专工	总工程师	
6	缺陷处理	对专业缺陷及时进行处理、分析总结，编写处理分析报告	分析规律，查找根源，制订措施，降低发生率	Q/CDT 101 11 004《中国大唐集团有限公司联合循环发电厂技术监控规程》第3部分：绝缘技术监督	每月底	专业专工	技术监督专工	
7	监督预警	跟踪科研院下发的技术监督预警的整改完成情况，及时反馈预警通知回执单	按期完成预警整改	Q/CDT 101 11 004《中国大唐集团有限公司联合循环发电厂技术监控规程》第3部分：绝缘技术监督	每月	技术监督专工、专业专工	总工程师	
8	专项排查	跟踪科研院下发的技术监督专项排查通知的完成情况，及时反馈排查情况报告	按期完成排查与报告	Q/CDT 101 11 004《中国大唐集团有限公司联合循环发电厂技术监控规程》第3部分：绝缘技术监督	每月	技术监督专工、专业专工	总工程师	
9	技术监督发现问题的管理与闭环	每月核对技术监督发现的问题（包括企业自查发现的问题，科研院发出的监督预警、专项排查、动态检查发现的问题等）整改情况，并在信息管理系统录入针对问题采取的整改措施和完成情况	更新及时，整改完成或整改方案制订及时、完整	Q/CDT 101 11 004《中国大唐集团有限公司联合循环发电厂技术监控规程》第3部分：绝缘技术监督	每月	技术监督专工、专业专工	总工程师	

四、指标管理

序号	监督项目	技术监督工作内容	达到目标	执行标准	完成时间	负责部门及负责人	监督检查人	执行人签名
1	预试完成率	严格按照预试计划所定时间进行	（1）甲类电气设备 100%； （2）乙类电气设备 98%	Q/CDT 101 11 004《中国大唐集团有限公司联合循环发电厂技术监控规程》第 3 部分：绝缘技术监督	每月10日前	技术监督专工	总工程师	
2	设备消缺率	发现缺陷及时处理	（1）甲类电气设备 100%； （2）乙类电气设备 90%	Q/CDT 101 11 004《中国大唐集团有限公司联合循环发电厂技术监控规程》第 3 部分：绝缘技术监督	每月10日前	技术监督专工	总工程师	

五、试验与检验

序号	监督项目	技术监督工作内容	达到目标	执行标准	完成时间	负责部门及负责人	监督检查人	执行人签名
1	变压器	（1）根据交接、预试或检修项目的性质，检查试验项目是否齐全、是否缺项漏项； （2）绕组绝缘电阻测量； （3）直流电阻测量； （4）绕组泄漏电流测量； （5）绕组介损测量； （6）电容型套管绝缘电阻测量； （7）电容型套管介损测量； （8）铁芯对地绝缘电阻测量； （9）主变压器本体大修后应开展局部放电检测	确保试验数据横向和纵向比对无异常，预试完成率和设备消缺率达到指标管理要求	GB 50150《电气装置安装工程 电气设备交接试验标准》； Q/CDT 107001《电力设备交接和预防性试验规程》； DL/T 596《电力设备预防性试验规程》	根据预试时间或设备实际情况	技术监督专工、专业专工	总工程师	

续表

序号	监督项目	技术监督工作内容	达到目标	执行标准	完成时间	负责部门及负责人	监督检查人	执行人签名
2	发电机	（1）根据预试或检修项目的性质，检查试验项目是否齐全、是否缺项漏项； （2）定子绕组直流电阻测量； （3）定子绕组直流耐压及泄漏电流测量； （4）定子绕组交流耐压试验； （5）定子端部手包绝缘表面对地电位测量； （6）定子槽部防晕层对地电位测量； （7）定子绕组端部动态特性测量试验； （8）转子绕组直流电阻测量； （9）转子绕组绝缘电阻测量； （10）转子绕组交流耐压试验； （11）转子绕组交流阻抗和功率损耗试验； （12）转子绕组匝间短路检测； （13）发电机励磁回路绝缘电阻测量； （14）发电机励磁回路交流耐压试验； （15）发电机定子铁芯试验，并用红外成像仪测量各部温度； （16）发电机定子水压试验； （17）发电机定子空芯导线“热水流试验”； （18）发电机和励磁机轴承绝缘电阻测量； （19）灭磁电阻器（或自同期电阻器）直流电阻测量值与出厂值比较有无明显变化； （20）灭磁开关并联电阻与出厂值比较有无明显变化； （21）发电机转子通风及气密试验； （22）发电机空载特性曲线试验； （23）发电机三相稳定短路特性曲线试验； （24）大负荷下发电机轴电压测量；	确保试验数据横向和纵向比对无异常，预试完成率和设备消缺率达到指标管理要求	GB 50150《电气装置安装工程　电气设备交接试验标准》； Q/CDT 107001《电力设备交接和预防性试验规程》； DL/T 596《电力设备预防性试验规程》	根据预试时间或设备实际情况	技术监督专工、专业专工	总工程师	

续表

序号	监督项目	技术监督工作内容	达到目标	执行标准	完成时间	负责部门及负责人	监督检查人	执行人签名
2	发电机	（25）发电机温升试验（必要时）； （26）紧固件螺栓及止动垫片全面检查及处理； （27）定子铁芯、端部压圈及屏蔽环检修； （28）定子槽楔检查及缺陷处理，波纹板间隙测量； （29）定子风区挡风块及通风孔检查； （30）定子线棒端部绝缘、损伤、过热、半导体漆脱落，以及有无黄粉情况检查及处理； （31）定子线棒防晕情况检查，必要时电气试验及处理； （32）定子线棒端部绑扎、压紧部位检查及必要的防磨损处理； （33）定子线棒、并头套、水接头、绝缘引水管等漏水，渗水痕迹检查及处理； （34）定子端部结构件（槽口垫块、间隙垫块、适形材料、绑扎带、绝缘引水管、绝缘大锥环、绝缘支架、内外可调绑环、径向支持环及其螺杆螺母、汇水环及固定支架螺栓等）检查及处理； （35）定子出线、中性点（包括出线套管、接线端面、互感器、箱罩等）清扫、检查及电气试验； （36）转子护环位移检查； （37）转子表面、转子槽楔检查； （38）绝缘电阻及吸收比测量	确保试验数据横向和纵向比对无异常，预试完成率和设备消缺率达到指标管理要求	GB 50150《电气装置安装工程　电气设备交接试验标准》； Q/CDT 107001《电力设备交接和预防性试验规程》； DL/T 596《电力设备预防性试验规程》	根据预试时间或设备实际情况	技术监督专工、专业专工	总工程师	

续表

序号	监督项目	技术监督工作内容	达到目标	执行标准	完成时间	负责部门及负责人	监督检查人	执行人签名
3	SF_6断路器和GIS组合电器	（1）根据预试或检修项目的性质，检查试验项目是否齐全、是否缺项漏项； （2）SF_6气体泄漏检查； （3）辅助回路和控制回路绝缘电阻测量； （4）导电回路电阻测试； （5）开断口间绝缘电阻测量； （6）断路器的机械特性试验； （7）分、合闸电磁铁的动作电压测量； （8）SF_6气体密度继电器检查及压力表校验； （9）SF_6气体微水检验； （10）液（气）压操动机构的泄漏试验； （11）SF_6密度继电器的检测； （12）油（气）泵补压及零起打压的运转时间检测； （13）GIS的联锁和闭锁性能试验； （14）交流耐压试验	确保试验数据横向和纵向比对无异常，预试完成率和设备消缺率达到指标管理要求	GB 50150《电气装置安装工程　电气设备交接试验标准》； Q/CDT 107001《电力设备交接和预防性试验规程》； DL/T 596《电力设备预防性试验规程》	根据预试时间或设备实际情况	技术监督专工、专业专工	总工程师	
4	互感器	（1）根据预试或检修项目的性质，检查试验项目是否齐全、是否缺项漏项； （2）$\tan\delta$及电容量测量； （3）互感器油中溶解气体的色谱分析； （4）交流耐压试验； （5）局部放电（发电机出口TV）试验； （6）极性检查； （7）各分接头的变化试验； （8）励磁特性曲线试验； （9）绕组直流电阻测量； （10）空载电流测试； （11）绕组及末屏的绝缘电阻测量； （12）外观检查有无渗漏油	确保试验数据横向和纵向比对无异常，预试完成率和设备消缺率达到指标管理要求	GB 50150《电气装置安装工程　电气设备交接试验标准》； Q/CDT 107001《电力设备交接和预防性试验规程》； DL/T 596《电力设备预防性试验规程》	根据预试时间或设备实际情况	技术监督专工、专业专工	总工程师	

续表

序号	监督项目	技术监督工作内容	达到目标	执行标准	完成时间	负责部门及负责人	监督检查人	执行人签名
5	套管	（1）根据预试或检修项目的性质，检查试验项目是否齐全、是否缺项漏项； （2）主绝缘、电容型套管及末屏对地的绝缘电阻测量； （3）主绝缘及电容型套管末屏对地的 $\tan\delta$ 与电容量测量； （4）油中溶解气体色谱分析； （5）交流耐压试验； （6）110kV 及以上电容型套管的局部放电试验	确保试验数据横向和纵向比对无异常，预试完成率和设备消缺率达到指标管理要求	GB 50150《电气装置安装工程 电气设备交接试验标准》； Q/CDT 107001《电力设备交接和预防性试验规程》； DL/T 596《电力设备预防性试验规程》	根据预试时间或设备实际情况	技术监督专工、专业专工	总工程师	
6	支柱绝缘子和悬式绝缘子	（1）根据预试或检修项目的性质，检查试验项目是否齐全、是否缺项漏项； （2）66kV 及以上绝缘子零值检测； （3）绝缘子绝缘电阻测量； （4）绝缘子交流耐压试验； （5）绝缘子表面污秽物的等值盐密试验； （6）憎水性试验	确保试验数据横向和纵向比对无异常，预试完成率和设备消缺率达到指标管理要求	GB 50150《电气装置安装工程 电气设备交接试验标准》； Q/CDT 107001《电力设备交接和预防性试验规程》； DL/T 596《电力设备预防性试验规程》	根据预试时间或设备实际情况	技术监督专工、专业专工	总工程师	
7	电力电缆	（1）根据预试或检修项目的性质，检查试验项目是否齐全、是否缺项漏项； （2）电缆主绝缘绝缘电阻测量； （3）电缆外护套、内衬层绝缘电阻测量； （4）电缆主绝缘交流耐压试验； （5）相位检查	确保试验数据横向和纵向比对无异常，预试完成率和设备消缺率达到指标管理要求	GB 50150《电气装置安装工程 电气设备交接试验标准》； Q/CDT 107001《电力设备交接和预防性试验规程》； DL/T 596《电力设备预防性试验规程》	根据预试时间或设备实际情况	技术监督专工、专业专工	总工程师	

续表

序号	监督项目	技术监督工作内容	达到目标	执行标准	完成时间	负责部门及负责人	监督检查人	执行人签名
8	电容器	（1）根据预试或检修项目的性质，检查试验项目是否齐全、是否缺项漏项； （2）极间绝缘电阻测量； （3）电容值测量； （4）$\tan\delta$ 测量； （5）交流耐压和局部放电试验； （6）渗漏油检查； （7）低压端对地绝缘电阻测量	确保试验数据横向和纵向比对无异常，预试完成率和设备消缺率达到指标管理要求	GB 50150《电气装置安装工程 电气设备交接试验标准》； Q/CDT 107001《电力设备交接和预防性试验规程》； DL/T 596《电力设备预防性试验规程》	根据预试时间或设备实际情况	技术监督专工、专业专工	总工程师	
9	避雷器	（1）根据预试或检修项目的性质，检查试验项目是否齐全、是否缺项漏项； （2）绝缘电阻测量； （3）直流 1mA 电压 U_{1mA} 及 $0.75U_{1mA}$ 下的泄漏电流试验； （4）运行电压下的交流泄漏电流试验； （5）底座绝缘电阻测量； （6）放电计数器动作检查	确保试验数据横向和纵向比对无异常，预试完成率和设备消缺率达到指标管理要求	GB 50150《电气装置安装工程 电气设备交接试验标准》； Q/CDT 107001《电力设备交接和预防性试验规程》； DL/T 596《电力设备预防性试验规程》	根据预试时间或设备实际情况	技术监督专工、专业专工	总工程师	
10	母线	（1）根据预试或检修项目的性质，检查试验项目是否齐全、是否缺项漏项； （2）绝缘电阻测量； （3）交流耐压试验	确保试验数据横向和纵向比对无异常，预试完成率和设备消缺率达到指标管理要求	GB 50150《电气装置安装工程 电气设备交接试验标准》； Q/CDT 107001《电力设备交接和预防性试验规程》； DL/T 596《电力设备预防性试验规程》	根据预试时间或设备实际情况	技术监督专工、专业专工	总工程师	

续表

序号	监督项目	技术监督工作内容	达到目标	执行标准	完成时间	负责部门及负责人	监督检查人	执行人签名
11	接地装置	（1）根据预试或检修项目的性质，检查试验项目是否齐全、是否缺项漏项； （2）有效接地系统的接地装置的接地电阻测量； （3）非有效接地系统的接地装置的接地电阻测量； （4）1kV 以下电力设备的接地电阻测量； （5）独立微波站的接地电阻测量； （6）独立的燃油、易燃气体储罐及其管道的接地电阻测量； （7）露天配电装置避雷针的集中接地装置的接地电阻及独立避雷针（线）的接地电阻测量； （8）发电厂烟囱附近的引风机及引风机处装设的集中接地装置的接地电阻测量； （9）与架空线直接连接的旋转电动机进线段上排气式和阀式避雷器的接地电阻测量； （10）有架空地线的线路杆塔接地电阻测量； （11）无架空地线的线路杆塔接地电阻测量； （12）接地装置安装处土壤电阻率测量； （13）检查有效接地系统的电力设备接地引下线与接地网的连接情况； （14）抽样开挖检查发电厂、变电站地中接地网的腐蚀情况，不得有开断、松脱或严重腐蚀等现象	确保试验数据横向和纵向比对无异常，预试完成率和设备消缺率达到指标管理要求	GB 50150《电气装置安装工程　电气设备交接试验标准》； Q/CDT 107001《电力设备交接和预防性试验规程》； DL/T 596《电力设备预防性试验规程》	根据预试时间或设备实际情况	技术监督专工、专业专工	总工程师	

续表

序号	监督项目	技术监督工作内容	达到目标	执行标准	完成时间	负责部门及负责人	监督检查人	执行人签名
12	6kV或10kV高压电动机、断路器、TA、过电压保护器、电缆试验	（1）根据预试或检修项目的性质，检查试验项目是否齐全、是否缺项漏项； （2）绝缘电阻测量； （3）直流电阻测量； （4）交流耐压试验	确保试验数据横向和纵向比对无异常，预试完成率和设备消缺率达到指标管理要求	GB 50150《电气装置安装工程　电气设备交接试验标准》； Q/CDT 107001《电力设备交接和预防性试验规程》； DL/T 596《电力设备预防性试验规程》	根据预试时间或设备实际情况	技术监督专工、专业专工	总工程师	
13	其他设备试验	其他设备预试试验及异常情况下的排查试验	确保试验数据横向和纵向比对无异常，预试完成率和设备消缺率达到指标管理要求	GB 50150《电气装置安装工程　电气设备交接试验标准》； Q/CDT 107001《电力设备交接和预防性试验规程》； DL/T 596《电力设备预防性试验规程》	根据预试时间或设备实际情况	技术监督专工、专业专工	总工程师	

六、检修监督

序号	监督项目	技术监督工作内容	达到目标	执行标准	完成时间	负责部门及负责人	监督检查人	执行人签名
1	检修计划	根据检修等级、设备状况确定检修前试验摸底项目、检修项目、检修过程技术监督项目、检修质量验收计划、检修再鉴定与系统恢复试验计划及修后性能验收等计划内容，形成检修技术材料	计划项目完整、过程监督规范、检修质量达标	Q/CDT 101 11 004《中国大唐集团有限公司联合循环发电厂技术监控规程》第3部分：绝缘技术监督	结合检修	技术监督专工、专业专工	总工程师	

续表

序号	监督项目	技术监督工作内容	达到目标	执行标准	完成时间	负责部门及负责人	监督检查人	执行人签名
2	检修总结	根据DL/T 838《燃煤火力发电企业设备检修导则》的技术要求，结合检修准备、实施与结果等情况进行检修总结，提出全面的检修总结报告	规范、准确，全面、完整	DL/T 838《燃煤火力发电企业设备检修导则》； Q/CDT 101 11 004《中国大唐集团有限公司联合循环发电厂技术监控规程》第3部分：绝缘技术监督	机组复役后30天内	技术监督专工、专业专工	总工程师	
3	发电机	（1）检查发电机定子绕组端部及铁芯紧固件，如压板紧固螺栓和螺母、支架固定螺母和螺栓、引线夹板螺栓、汇流管所用卡板和螺栓、穿心螺杆螺母等的紧固和磨损情况； （2）检查大型发电机环形接线、过渡引线、鼻部手包绝缘、引水管水接头等处绝缘情况； （3）检查槽楔、绑绳、垫块松动情况，并重新打紧松动的槽楔； （4）检查引水管外表应无伤痕，严禁引水管交叉接触，引水管之间、引水管与端罩之间应保持足够的绝缘距离； （5）检查定子铁芯有无松动、粉末或黑色泥状油污甚至断齿等异常现象； （6）大修抽转子后，应对氢内冷转子通风道进行通风试验、转子护环探伤、转子风扇叶片探伤，检查转子引线槽楔下垫条，防止垫条断裂造成转子绕组接地，检查转子引线与绕组连接处是否开焊，使用内窥镜检查转子绕组端部变形情况； （7）检查导电螺钉的密封情况及导电螺钉与导电杆之间接触情况；	满足设备实际情况和相关标准	Q/CDT 101 11 004《中国大唐集团有限公司联合循环发电厂技术监控规程》第3部分：绝缘技术监督	根据检修计划	技术监督专工、专业专工	总工程师	

续表

序号	监督项目	技术监督工作内容	达到目标	执行标准	完成时间	负责部门及负责人	监督检查人	执行人签名
3	发电机	（8）防止发电机内遗留金属异物、防止锯条、螺钉、螺母、工具等金属杂物遗留在定子内部，特别应对端部绕组的夹缝、上下渐伸线之间位置作详细检查，必要时使用内窥镜逐一检查； （9）定期校验定子各部分的测温元件，保证测温元件的准确性； （10）冲洗外水路系统、连续排污，直至水路系统内可能存在的污物和杂物除尽为止，水质合格后，方允许与发电机内水路接通，制造厂有特殊规定者应遵守制造厂的规定，大修后，气密试验不合格的氢冷发电机严禁投入运行； （11）发电机回装时，各部分螺栓的紧固力矩应符合制造厂规定； （12）发电机定转子喷漆前，必须将定转子表面油污清理干净	满足设备实际情况和相关标准	Q/CDT 101 11 004《中国大唐集团有限公司联合循环发电厂技术监控规程》第 3 部分：绝缘技术监督	根据检修计划	技术监督专工、专业专工	总工程师	
4	变压器	（1）器身检修的环境及气象条件：环境无尘土及其他污染的晴天；空气相对湿度不大于 75%；如大于 75%时应采取必要措施。 （2）大修时器身暴露在空气中的时间应不超过如下规定： 1)空气相对湿度小于或等于 65%，为 16h； 2)空气相对湿度大于或等于 75%，为 12h； （3）现场器身干燥，宜采用真空热油循环或真空热油喷淋方法，有载分接开关的油室应同时按照相同要求抽真空。	满足设备实际情况和相关标准	Q/CDT 101 11 004《中国大唐集团有限公司联合循环发电厂技术监控规程》第 3 部分：绝缘技术监督	根据检修计划	技术监督专工、专业专工	总工程师	

续表

序号	监督项目	技术监督工作内容	达到目标	执行标准	完成时间	负责部门及负责人	监督检查人	执行人签名
4	变压器	（4）采用真空加热干燥时，应先进行预热，并根据制造厂规定的真空值进行抽真空；按变压器容量大小，以10～15℃/h 的速度升温到指定温度，再以6.7kPa/h 的速度递减抽真空。 （5）变压器油处理： 1）大修后，注入变压器及套管内的变压器油质量应符合 GB/T 7595《运行中变压器油质量》的要求； 2）注油后，变压器及套管都应进行油样化验与色谱分析； 3）变压器补油时应使用牌号相同的变压器油，如需要补充不同牌号的变压器油，应先做混油试验，合格后方可使用； （6）防止变压器吊检和内部检查时绝缘受损伤。 （7）检修中需要更换绝缘件时，应采用符合制造厂技术要求、检验合格的材料和部件，并经干燥处理。 （8）投入运行前必须多次排除套管升高座、油管道中的死区、冷却器顶部等处的残存气体。 （9）大修、事故抢修或换油后的变压器，施加电压前静止时间不应少于以下规定： 1）110kV：24h； 2）220kV：48h； 3）500（330）kV：72h； 4）750kV：96h；	满足设备实际情况和相关标准	Q/CDT 101 11 004《中国大唐集团有限公司联合循环发电厂技术监控规程》第3部分：绝缘技术监督	根据检修计划	技术监督专工、专业专工	总工程师	

续表

序号	监督项目	技术监督工作内容	达到目标	执行标准	完成时间	负责部门及负责人	监督检查人	执行人签名
4	变压器	（10）变压器更换冷却器时，必须用合格绝缘油反复冲洗油管道、冷却器和潜油泵内部，直至冲洗后的油试验合格并无异物为止；如发现异物较多，应进一步检查处理。 （11）大修完复装时，应注意检查油箱顶部与铁芯上夹件的间隙，如有碰触应进行消除。 （12）运行年限超过 15 年的储油柜胶囊和隔膜应更换	满足设备实际情况和相关标准	Q/CDT 101 11 004《中国大唐集团有限公司联合循环发电厂技术监控规程》第 3 部分：绝缘技术监督	根据检修计划	技术监督专工、专业专工	总工程师	
5	互感器、耦合电容器及套管	（1）互感器、电容器、高压套管检修随机组、线路、开关站检修计划安排，临时性检修针对运行中发现的缺陷及时进行； （2）110kV 及以上电压等级的互感器、电容器、高压套管不应进行现场解体检修； （3）110kV 以下老式电磁式互感器检修项目、内容、工艺及质量应符合 DL/T 727《互感器运行检修导则》的相关规定及制造厂的技术要求	满足设备实际情况和相关标准	Q/CDT 101 11 004《中国大唐集团有限公司联合循环发电厂技术监控规程》第 3 部分：绝缘技术监督	根据检修计划	技术监督专工、专业专工	总工程师	
6	高压开关设备	（1）SF_6 断路器检修周期和要求： 1）断路器应按现场检修规程规定的检修周期和具体短路开断次数及状态进行检修； 2）断路器的各连接拐臂、联板、轴、销进行检查，如发现弯曲、变形或断裂，应找出原因，更换零件并采取预防措施； 3）液压（气动）机构分、合闸阀的阀针应无松动或变形，防止由于阀针松动或变形造成断路器拒动；分、合闸铁芯应动作灵活，无卡涩现象，以防拒分或拒合；	满足设备实际情况和相关标准	Q/CDT 101 11 004《中国大唐集团有限公司联合循环发电厂技术监控规程》第 3 部分：绝缘技术监督	根据检修计划	技术监督专工、专业专工	总工程师	

续表

序号	监督项目	技术监督工作内容	达到目标	执行标准	完成时间	负责部门及负责人	监督检查人	执行人签名
6	高压开关设备	4）断路器操动机构检修后应检查操动机构脱扣器的动作电压是否符合 30%和 65%额定操作电压的要求；在 80%（或 85%）额定操作电压下，合闸接触器是否动作灵活且吸持牢靠。 （2）隔离开关的检修周期和要求： 1）隔离开关应按现场检修规程规定的检修周期进行检修，不超期； 2）绝缘子表面应清洁； 3）瓷套、法兰不应出现裂纹、破损； 4）涂敷 RTV 涂料的瓷外套憎水性良好，涂层不应有缺损、起皮、龟裂； 5）主触头接触面无过热、烧伤痕迹，镀银层无脱落现象； 6）回路电阻测量值应符合产品技术文件的要求； 7）操动机构分合闸操作应灵活可靠，动静触头接触良好； 8）传动部分应无锈蚀、卡涩，保证操作灵活； 9）操作机构线圈最低动作电压符合产品技术文件的要求； 10）应严格按照有关检修工艺进行调整与测量，分、合闸均应到位； 11）试验项目齐全，试验结果应符合有关标准、规程要求。 （3）真空断路器和高压开关柜检修周期和要求：	满足设备实际情况和相关标准	Q/CDT 101 11 004《中国大唐集团有限公司联合循环发电厂技术监控规程》第 3 部分：绝缘技术监督	根据检修计划	技术监督专工、专业专工	总工程师	

续表

序号	监督项目	技术监督工作内容	达到目标	执行标准	完成时间	负责部门及负责人	监督检查人	执行人签名
6	高压开关设备	1）真空断路器和高压开关柜应按有关规程规定的检修周期进行检修，不超期； 2）真空灭弧室的回路电阻、开距及超行程应符合产品技术文件要求，其电气或机械寿命接近终了前必须提前安排更换	满足设备实际情况和相关标准	Q/CDT 101 11 001《中国大唐集团有限公司联合循环发电厂技术监控规程》第3部分：绝缘技术监督	根据检修计划	技术监督专工、专业专工	总工程师	
7	气体绝缘金属封闭开关设备	（1）分解检修项目应根据设备实际运行状况并与制造厂协商后确定，分解检修项目依据下列因素确定： 1）密封圈的使用期、SF_6气体泄漏情况； 2）断路器开断次数、累计开断电流、断路器操作次数值、断路器操作机构实际状况； 3）隔离开关的操作次数； 4）其他部件的运行状况； 5）SF_6气体压力表计、压力开关、二次元器件运行状况。 （2）分解检修后应进行下列试验： 1）各气室SF_6气体含水量检测； 2）各气室SF_6气体泄漏检测； 3）辅助回路和控制回路的绝缘电阻测量； 4）耐压试验（有条件时建议同时开展局部放电测量）； 5）辅助回路和控制回路的交流耐压试验； 6）断口间并联电容器的绝缘电阻、电容量$\tan\delta$检测； 7）合闸电阻值和合闸的投入时间检测； 8）断路器的机械特性试验；	满足设备实际情况和相关标准	Q/CDT 101 11 004《中国大唐集团有限公司联合循环发电厂技术监控规程》第3部分：绝缘技术监督； DL/T 596《电力设备预防性试验规程》； Q/CDT 107 001《中国大唐集团电力设备交接和预防性试验规程》； GB/T 8905《六氟化硫电气设备中气体管理和检测导则》； GB/T 11022《高压交流开关设备和控制设备标准的共用技术要求》	根据检修计划	技术监督专工、专业专工	总工程师	

续表

序号	监督项目	技术监督工作内容	达到目标	执行标准	完成时间	负责部门及负责人	监督检查人	执行人签名
7	气体绝缘金属封闭开关设备	9）分、合闸电磁铁的动作电压检测； 10）导电回路电阻检测； 11）分合闸线圈的直流电阻及绝缘电阻检测； 12）SF_6 气体密度继电器检查及压力表校验； 13）机构压力表校验（或调整），机构操作压力（气压、液压）整定值校验，机构安全阀校验； 14）操动机构在分闸、合闸及重合闸下的操作压力（气压，液压）下降值试验； 15）液（气）压操动机构的泄漏试验； 16）油（气）泵补压及零起打压的运转时间试验； 17）液压机构及采用差压原理的气动机构的防失压慢分试验； 18）闭锁、防跳跃及防止非全相合闸等辅助控制装置的动作性能试验； 19）GIS 中的电流互感器、电压互感器和避雷器试验； 20）GIS 的联锁和闭锁性能试验	满足设备实际情况和相关标准	Q/CDT 101 11 004《中国大唐集团有限公司联合循环发电厂技术监控规程》第 3 部分：绝缘技术监督； DL/T 596《电力设备预防性试验规程》； Q/CDT 107 001《中国大唐集团电力设备交接和预防性试验规程》； GB/T 8905《六氟化硫电气设备中气体管理和检测导则》； GB/T 11022《高压交流开关设备和控制设备标准的共用技术要求》	根据检修计划	技术监督专工、专业专工	总工程师	
8	220V 蓄电池	（1）220V 蓄电池组核对性充放电； （2）220V 蓄电池单体端电压测试； （3）220V 蓄电池清扫、检查	满足设备实际情况和相关标准	Q/CDT 101 11 004《中国大唐集团有限公司联合循环发电厂技术监控规程》第 3 部分：绝缘技术监督	根据检修计划	技术监督专工、专业专工	总工程师	

续表

序号	监督项目	技术监督工作内容	达到目标	执行标准	完成时间	负责部门及负责人	监督检查人	执行人签名
9	110V 蓄电池	（1）110V 蓄电池组核对性充放电； （2）110V 蓄电池单体端电压测试； （3）110V 蓄电池清扫、检查	满足设备实际情况和相关标准	Q/CDT 101 11 004《中国大唐集团有限公司联合循环发电厂技术监控规程》第 3 部分：绝缘技术监督	根据检修计划	技术监督专工、专业专工	总工程师	
10	110V 直流绝缘监察装置	（1）110V 直流绝缘监察装置试验； （2）110V 直流母线及配电装置检查； （3）110V 直流充电器装置检查	满足设备实际情况和相关标准	Q/CDT 101 11 004《中国大唐集团有限公司联合循环发电厂技术监控规程》第 3 部分：绝缘技术监督	根据检修计划	技术监督专工、专业专工	总工程师	

第四章

环保技术监督

一、基础管理工作

序号	监督项目	技术监督工作内容	达到目标	执行标准	完成时间	负责部门及负责人	监督检查人	执行人签名
1	规程制度	建立完善的管理制度（根据本单位实际情况进行配置，至少但不局限于以下内容）： （1）环保设备运行规程； （2）环保设备检修规程； （3）环保实验室管理规定； （4）机组检修环保检查规定； （5）固体废物管理规定； （6）危险废物管理规定； （7）突发环境事故应急预案； （8）重污染天气应急预案	制度齐全、有效，并规范执行	Q/CDT 101 11 004《中国大唐集团有限公司联合循环发电厂技术监控规程》第4部分：环保技术监督	及时补充修订	技术监督专工、专业专工	总工程师	
2	技术资料、设备清册和台账	完善相关资料、台账： （1）各类环保设备技术规范； （2）整套设计和制造图纸、说明书、出厂试验报告； （3）安装竣工图纸；	技术资料、档案齐全，条目清晰	Q/CDT 101 11 004《中国大唐集团有限公司联合循环发电厂技术监控规程》第4部分：环保技术监督	及时滚动更新	专业专工	技术监督专工	

续表

序号	监督项目	技术监督工作内容	达到目标	执行标准	完成时间	负责部门及负责人	监督检查人	执行人签名
2	技术资料、设备清册和台账	（4）设计修改文件； （5）设备监造报告、安装验收记录、缺陷处理报告、调试试验报告、投产验收报告； （6）可行性研究报告； （7）技术方案和措施； （8）技术图纸、资料、说明书； （9）质量监督和验收报告； （10）完工总结报告和性能考核试验报告； （11）脱硝系统设备台账； （12）废水处理系统设备台账； （13）烟气排放连续监测系统设备台账； （14）各类环保监测仪器、仪表台账； （15）无组织排放设施台账； （16）噪声治理设施台账； （17）工频电场和磁场屏蔽设施台账； （18）固体废弃物处置台账； （19）危险废弃物处置台账	技术资料、档案齐全，条目清晰	Q/CDT 101 11 004《中国大唐集团有限公司联合循环发电厂技术监控规程》第 4 部分：环保技术监督	及时滚动更新	专业专工	技术监督专工	
3	原始记录和试验报告	建立和完善相关原始记录及试验报告： （1）月度运行统计分析和总结报告； （2）定期试验执行记录； （3）与环保监督有关的事故（异常）分析报告； （4）环保专业反事故措施； （5）环保设备性能试验报告	记录、报告完整	Q/CDT 101 11 004《中国大唐集团有限公司联合循环发电厂技术监控规程》第 4 部分：环保技术监督	及时滚动更新	专业专工	技术监督专工	

二、日常管理工作

序号	监督项目	技术监督工作内容	达到目标	执行标准	完成时间	负责部门及负责人	监督检查人	执行人签名
1	监督体系	应建立健全总工程师、专业技术监督工程师、有关部门的专业或班组的专业技术人员组成的三级技术监督网，并明确岗位职责，做好日常的环保技术监督工作	网络完善，职责清晰	Q/CDT 101 11 004《中国大唐集团有限公司联合循环发电厂技术监控规程》第4部分：环保技术监督	每年	技术监督专工	总工程师	
2	年度计划	编制下年度监督工作计划，主要内容应包括： （1）规程、制度的制定及修订计划； （2）技术监督定期工作计划； （3）检修、技改期间应开展的技术监督项目计划； （4）技术监督发现问题整改计划； （5）专业设备及仪器仪表的检验、检定计划； （6）人员培训计划（主要包括内部培训、外部培训取证，规程宣贯）	内容全面、目标明确、流程细化	Q/CDT 101 11 004《中国大唐集团有限公司联合循环发电厂技术监控规程》第4部分：环保技术监督	每年12月20日前	技术监督专工	总工程师	
3	年度总结	主要内容包括： （1）监督指标完成情况； （2）完成的重点工作； （3）成绩和不足； （4）下一年度重点工作安排	总结及时、完整	《中国大唐集团有限公司发电企业技术监控管理办法》； Q/CDT 101 11 004《中国大唐集团有限公司联合循环发电厂技术监控规程》第4部分：环保技术监督	每年1月10日前	技术监督专工、专业专工	总工程师	

续表

序号	监督项目	技术监督工作内容	达到目标	执行标准	完成时间	负责部门及负责人	监督检查人	执行人签名
4	月度总结与计划	对照月度工作计划，对实际工作开展情况进行检查，分析本月监督指标、存在问题；依据年度工作计划、检修计划和问题整改计划等内容，制订合理的下月工作计划	总结全面、深刻，计划完整、具体	Q/CDT 101 11 004《中国大唐集团有限公司联合循环发电厂技术监控规程》第4部分：环保技术监督	每月底	技术监督专工、专业专工	总工程师	
5	月度报表	按照集团公司技术监督月度报表要求进行填报，并及时报送至科研院	数据准确、内容完整、格式正确	Q/CDT 101 11 004《中国大唐集团有限公司联合循环发电厂技术监控规程》第4部分：环保技术监督	每月10日前	技术监督专工、专业专工	总工程师	

三、专业管理工作

序号	监督项目	技术监督工作内容	达到目标	执行标准	完成时间	负责部门及负责人	监督检查人	执行人签名
1	专业会管理	每年至少召开一次环保技术监督专业会（可与月度技术监督专题会合开），总结技术监督工作，对技术监督中出现的问题提出处理意见和防范措施	按期执行、规范有效	《中国大唐集团有限公司发电企业技术监控管理办法》； Q/CDT 101 11 004《中国大唐集团有限公司联合循环发电厂技术监控规程》第4部分：环保技术监督	每年	技术监督专工	总工程师	
2	动态检查	按要求开展技术监督动态检查的专业自查，并形成自查报告，认真配合科研院现场检查	规范自查、认真配合、提高水平	Q/CDT 101 11 004《中国大唐集团有限公司联合循环发电厂技术监控规程》第4部分：环保技术监督	上、下半年	技术监督专工、专业专工	总工程师	

续表

序号	监督项目	技术监督工作内容	达到目标	执行标准	完成时间	负责部门及负责人	监督检查人	执行人签名
3	机组技术改造或设备异动	按计划开展机组技术改造或进行专业设备异动，进行全过程技术监督，保证技改或异动达到预期效果，及时补充、更新相关系统设备台账资料，修订相关系统设备的运行、检修规程等	达到预期目标	Q/CDT 101 11 004《中国大唐集团有限公司联合循环发电厂技术监控规程》第 4 部分：环保技术监督	按计划时间	技术监督专工、专业专工	总工程师	
4	技术培训、取证、复证考试，学术交流及技术研讨	按计划开展企业内部技术培训，及时参加科研院、集团公司、行业组织的各项培训取证和学术交流及技术研讨活动	提高专业技术水平	《中国大唐集团有限公司发电企业技术监控管理办法》； Q/CDT 101 11 004《中国大唐集团有限公司联合循环发电厂技术监控规程》第 4 部分：环保技术监督	按计划	技术监督专工、专业专工	总工程师	
5	异常情况	对专业异常、事故情况进行分析处理，形成分析报告或纪要，留存档案，对照整改，主要事件及其处理情况列入月度报表上报	分析准确、措施得当、处理有效	Q/CDT 101 11 004《中国大唐集团有限公司联合循环发电厂技术监控规程》第 4 部分：环保技术监督	每月底	技术监督专工、专业专工	总工程师	
6	缺陷处理	对专业缺陷及时进行处理、分析总结，编写处理分析报告	分析规律，查找根源，制订措施，降低发生率	Q/CDT 101 11 004《中国大唐集团有限公司联合循环发电厂技术监控规程》第 4 部分：环保技术监督	每月底	专业专工	技术监督专工	

续表

序号	监督项目	技术监督工作内容	达到目标	执行标准	完成时间	负责部门及负责人	监督检查人	执行人签名
7	监督预警	跟踪科研院下发的技术监督预警的整改完成情况，及时反馈预警通知回执单	按期完成预警整改	Q/CDT 101 11 004《中国大唐集团有限公司联合循环发电厂技术监控规程》第 4 部分：环保技术监督	每月	技术监督专工、专业专工	总工程师	
8	专项排查	跟踪科研院下发的技术监督专项排查通知的完成情况，及时反馈排查情况报告	按期完成排查与报告	Q/CDT 101 11 004《中国大唐集团有限公司联合循环发电厂技术监控规程》第 4 部分：环保技术监督	每月	技术监督专工、专业专工	总工程师	
9	技术监督发现问题的管理与闭环	每月核对技术监督发现的问题（包括企业自查发现的问题，科研院发出的监督预警、专项排查、动态检查发现的问题等）整改情况，并在信息管理系统录入针对问题采取的整改措施和完成情况	更新及时，整改完成或整改方案制订及时、完整	Q/CDT 101 11 004《中国大唐集团有限公司联合循环发电厂技术监控规程》第 4 部分：环保技术监督	每月	技术监督专工、专业专工	总工程师	

四、指标管理

序号	监督项目	技术监督工作内容	达到目标	执行标准	完成时间	负责部门及负责人	监督检查人	执行人签名
1	脱硝设施投运率	提高脱硝系统的运行、维护质量	投运率 100%	Q/CDT 101 11 004《中国大唐集团有限公司联合循环发电厂技术监控规程》第 4 部分：环保技术监督	每月	专业专工	技术监督专工	

续表

序号	监督项目	技术监督工作内容	达到目标	执行标准	完成时间	负责部门及负责人	监督检查人	执行人签名
2	氮氧化物排放达标率	加强对脱硝系统设施的运行维护，定期监测，实现氮氧化物达标排放	达标率 100%	Q/CDT 101 11 004《中国大唐集团有限公司联合循环发电厂技术监控规程》第 4 部分：环保技术监督	每月	专业专工	技术监督专工	
3	废水排放达标率	保证对废水系统处理设施的运行维护，定期监测，实现废水达标排放	达标率 100%	Q/CDT 101 11 004《中国大唐集团有限公司联合循环发电厂技术监控规程》第 4 部分：环保技术监督	每月	专业专工	技术监督专工	
4	废水处理设施投运率	保证废水系统处理设施的运行可靠性	投运率 100%	Q/CDT 101 11 004《中国大唐集团有限公司联合循环发电厂技术监控规程》第 4 部分：环保技术监督	每月	专业专工	技术监督专工	

五、试验与检验

序号	监督项目	技术监督工作内容	达到目标	执行标准	完成时间	负责部门及负责人	监督检查人	执行人签名
1	机组 A 级检修前后脱硝效率试验	通过对氮氧化物监测，指导检修工作开展，得出脱硝大修前后数据对比	监测率 100%	Q/CDT 101 11 004《中国大唐集团有限公司联合循环发电厂技术监控规程》第 4 部分：环保技术监督	按检修计划	专业专工	技术监督专工	

续表

序号	监督项目	技术监督工作内容	达到目标	执行标准	完成时间	负责部门及负责人	监督检查人	执行人签名
2	脱硝等环保设施性能检测及评价	检测环保系统改造后技术指标是否符合技术要求	监测率100%	Q/CDT 101 11 004《中国大唐集团有限公司联合循环发电厂技术监控规程》第4部分：环保技术监督	新建或改造工程完工	专业专工	技术监督专工	
3	总排口污染物浓度监测	对总排口粉尘、氮氧化物、二氧化硫浓度进行监测	监测率100%	Q/CDT 101 11 004《中国大唐集团有限公司联合循环发电厂技术监控规程》第4部分：环保技术监督	每年监测一次	专业专工	技术监督专工	
4	厂界噪声监测	对厂界噪声进行监测	监测率100%	Q/CDT 101 11 004《中国大唐集团有限公司联合循环发电厂技术监控规程》第4部分：环保技术监督	每两年监测一次	专业专工	技术监督专工	

六、检修监督

序号	监督项目	技术监督工作内容	达到目标	执行标准	完成时间	负责部门及负责人	监督检查人	执行人签名
1	检修计划	根据检修等级、设备状况确定检修前试验摸底项目、检修项目、检修过程技术监督项目、检修质量验收计划、检修再鉴定与系统恢复试验计划及修后性能验收等计划内容，形成检修技术材料	计划项目完整、过程监督规范、检修质量达标	Q/CDT 101 11 004《中国大唐集团有限公司联合循环发电厂技术监控规程》第4部分：环保技术监督	结合检修	技术监督专工、专业专工	总工程师	

续表

序号	监督项目	技术监督工作内容	达到目标	执行标准	完成时间	负责部门及负责人	监督检查人	执行人签名
2	检修总结	根据Q/CDT 101 11 004《中国大唐集团有限公司联合循环发电厂技术监控规程》第4部分：环保技术监督的技术要求，结合检修准备、实施与结果等情况进行检修总结，提出全面的检修总结报告	规范、准确，全面、完整	Q/CDT 101 11 004《中国大唐集团有限公司联合循环发电厂技术监控规程》第4部分：环保技术监督	机组复役后30天内	技术监督专工、专业专工	总工程师	

第五章

热工技术监督

一、基础管理工作

序号	监督项目	技术监督工作内容	达到目标	执行标准	完成时间	负责部门及负责人	监督检查人	执行人签名
1	规程制度	建立或修订专业管理规程、制度： （1）热控系统检修、运行维护规程； （2）热控系统调试规程； （3）试验用仪器仪表操作使用规程； （4）施工质量验收规程； （5）定期试验、校验和抽检制度； （6）热控设备缺陷和事故管理制度； （7）热控设备、备品备件及工具、材料管理制度； （8）热控设备的反事故措施； （9）技术资料、图纸管理及计算机软件管理制度； （10）热控人员技术考核、培训制度； （11）设备质量监督检查签字验收制度； （12）热工计量管理制度	制度齐全、有效，并规范执行	Q/CDT 101 11 004《中国大唐集团有限公司联合循环发电厂技术监控规程》第5部分：热工技术监督	及时补充修订	技术监督专工、专业专工	总工程师	
2	技术资料、设备清册和台账	完善相关资料、台账： （1）热工技术监督相关技术规范（主辅机、DCS、TCS招标资料及相关文件）；	技术资料、档案齐全，条目清晰	Q/CDT 101 11 004《中国大唐集团有限公司联	及时滚动更新	技术监督专工、专业专工	总工程师	

续表

序号	监督项目	技术监督工作内容	达到目标	执行标准	完成时间	负责部门及负责人	监督检查人	执行人签名
2	技术资料、设备清册和台账	（2）DCS、TCS 功能说明和硬件配置清册； （3）热工检测仪表及控制系统技术资料（包含说明书、出厂试验报告等）； （4）安装竣工图纸（包含系统图、实际安装接线图等）； （5）设计变更、修改文件； （6）设备安装验收记录、缺陷处理报告、调试报告、竣工验收报告； （7）主要热控系统（DCS、TCS、DEH、TSI 等）台账； （8）主要热工设备（变送器、执行机构等）台账； （9）热工计量标准仪器仪表清册； （10）热工保护、自动台账； （11）主辅机保护与报警定值清单	技术资料、档案齐全，条目清晰	合循环发电厂技术监控规程》第 5 部分：热工技术监督	及时滚动更新	技术监督专工、专业专工	总工程师	
3	原始记录和试验报告	建立和完善相关原始记录及试验报告： （1）DCS、TCS 测试报告； （2）一次调频试验报告； （3）AGC 系统试验报告； （4）RB 试验报告； （5）热工模拟量控制系统扰动试验报告； （6）热工保护系统投退记录； （7）DCS、TCS 逻辑组态强制、修改记录； （8）热控组态备份记录； （9）热工计量实验用标准仪器仪表检定记录； （10）热控系统传动试验记录	记录、报告完整	Q/CDT 101 11 004《中国大唐集团有限公司联合循环发电厂技术监控规程》第 5 部分：热工技术监督	及时滚动更新	专业专工	技术监督专工	

二、日常管理工作

序号	监督项目	技术监督工作内容	达到目标	执行标准	完成时间	负责部门及负责人	监督检查人	执行人签名
1	监督体系	应建立健全总工程师、专业技术监督工程师、有关部门的专业或班组的专业技术人员组成的三级技术监督网，并明确岗位职责，做好日常的热工技术监督工作	网络完善，职责清晰	Q/CDT 101 11 004《中国大唐集团有限公司联合循环发电厂技术监控规程》第 5 部分：热工技术监督	每年	技术监督专工	总工程师	
2	年度计划	编制下年度监督工作计划，主要内容应包括： （1）规程、制度的制定及修订计划； （2）技术监督定期工作计划； （3）检修、技改期间应开展的技术监督项目计划； （4）技术监督发现问题整改计划； （5）专业设备及仪器仪表的检验、检定计划； （6）人员培训计划（主要包括内部培训、外部培训取证，规程宣贯）	内容全面、目标明确、流程细化	Q/CDT 101 11 004《中国大唐集团有限公司联合循环发电厂技术监控规程》第 5 部分：热工技术监督	每年 12 月 20 日前	技术监督专工	总工程师	
3	年度总结	主要内容包括： （1）监督指标完成情况； （2）完成的重点工作； （3）成绩和不足； （4）下一年度重点工作安排	总结及时、完整	《中国大唐集团有限公司发电企业技术监控管理办法》； Q/CDT 101 11 004《中国大唐集团有限公司联合循环发电厂技术监控规程》第 5 部分：热工技术监督	每年 1 月 10 日前	技术监督专工、专业专工	总工程师	

续表

序号	监督项目	技术监督工作内容	达到目标	执行标准	完成时间	负责部门及负责人	监督检查人	执行人签名
4	月度总结与计划	对照月度工作计划，对实际工作开展情况进行检查，分析本月监督指标、存在问题；依据年度工作计划、检修计划和问题整改计划等内容，制订合理的下月工作计划	总结全面、深刻，计划完整、具体	Q/CDT 101 11 004《中国大唐集团有限公司联合循环发电厂技术监控规程》第 5 部分：热工技术监督	每月底	技术监督专工、专业专工	总工程师	
5	月度报表	按照集团公司技术监督月度报表要求进行填报，并及时报送至科研院	数据准确、内容完整、格式正确	Q/CDT 101 11 004《中国大唐集团有限公司联合循环发电厂技术监控规程》第 5 部分：热工技术监督	每月 10 日前	技术监督专工、专业专工	总工程师	

三、专业管理工作

序号	监督项目	技术监督工作内容	达到目标	执行标准	完成时间	负责部门及负责人	监督检查人	执行人签名
1	专业会管理	每年至少召开一次热工技术监督专业会（可与月度技术监督专题会合开），总结技术监督工作，对技术监督中出现的问题提出处理意见和防范措施	按期执行、规范有效	《中国大唐集团有限公司发电企业技术监控管理办法》； Q/CDT 101 11 004《中国大唐集团有限公司联合循环发电厂技术监控规程》第 5 部分：热工技术监督	每年	技术监督专工	总工程师	
2	动态检查	按要求开展技术监督动态检查的专业自查，并形成自查报告，认真配合科研院现场检查	规范自查、认真配合、提高水平	Q/CDT 101 11 004《中国大唐集团有限公司联合循环发电厂技术监控规程》第 5 部分：热工技术监督	上、下半年	技术监督专工、专业专工	总工程师	

续表

序号	监督项目	技术监督工作内容	达到目标	执行标准	完成时间	负责部门及负责人	监督检查人	执行人签名
3	机组技术改造或设备异动	按计划开展机组技术改造或进行专业设备异动，进行全过程技术监督，保证技改或异动达到预计效果，及时补充、更新相关系统设备台账资料，修订相关系统设备的运行、检修规程等	达到预期目标	Q/CDT 101 11 004《中国大唐集团有限公司联合循环发电厂技术监控规程》第5部分：热工技术监督	按计划时间	技术监督专工、专业专工	总工程师	
4	技术培训、取证、复证考试，学术交流及技术研讨	按计划开展企业内部技术培训，及时参加科研院、集团公司、行业组织的各项培训取证和学术交流及技术研讨活动	提高专业技术水平	《中国大唐集团有限公司发电企业技术监控管理办法》；Q/CDT 101 11 004《中国大唐集团有限公司联合循环发电厂技术监控规程》第5部分：热工技术监督	按计划	技术监督专工、专业专工	总工程师	
5	异常情况	对专业异常、事故情况进行分析处理，形成分析报告或纪要，留存档案，对照整改，主要事件及其处理情况列入月度报表上报	分析准确、措施得当、处理有效	Q/CDT 101 11 004《中国大唐集团有限公司联合循环发电厂技术监控规程》第5部分：热工技术监督	每月底	技术监督专工、专业专工	总工程师	
6	缺陷处理	对专业缺陷及时进行处理、分析总结，编写处理分析报告	分析规律，查找根源，制订措施，降低发生率	Q/CDT 101 11 004《中国大唐集团有限公司联合循环发电厂技术监控规程》第5部分：热工技术监督	每月底	专业专工	技术监督专工	

续表

序号	监督项目	技术监督工作内容	达到目标	执行标准	完成时间	负责部门及负责人	监督检查人	执行人签名
7	监督预警	跟踪科研院下发的技术监督预警的整改完成情况，及时反馈预警通知回执单	按期完成预警整改	Q/CDT 101 11 004《中国大唐集团有限公司联合循环发电厂技术监控规程》第 5 部分：热工技术监督	每月	技术监督专工、专业专工	总工程师	
8	专项排查	跟踪科研院下发的技术监督专项排查通知的完成情况，及时反馈排查情况报告	按期完成排查与报告	Q/CDT 101 11 004《中国大唐集团有限公司联合循环发电厂技术监控规程》第 5 部分：热工技术监督	每月	技术监督专工、专业专工	总工程师	
9	技术监督发现问题的管理与闭环	每月核对技术监督发现的问题（包括企业自查发现的问题，科研院发出的监督预警、专项排查、动态检查发现的问题等）整改情况，并在信息管理系统录入针对问题采取的整改措施和完成情况	更新及时，整改完成或整改方案制订及时、完整	Q/CDT 101 11 004《中国大唐集团有限公司联合循环发电厂技术监控规程》第 5 部分：热工技术监督	每月	技术监督专工、专业专工	总工程师	
10	反事故演练	结合机组实际情况，制订 DCS、TCS 失灵后应急处理预案，并定期开展反事故演习	演练切合实际	Q/CDT 101 11 004《中国大唐集团有限公司联合循环发电厂技术监控规程》第 5 部分：热工技术监督	每年	技术监督专工	总工程师	
11	定值管理	应每两年修订一次热工报警及保护、联锁定值	内容完善、定值准确	Q/CDT 101 11 004《中国大唐集团有限公司联合循环发电厂技术监控规程》第 5 部分：热工技术监督	每两年或必要时	技术监督专工	总工程师	

四、指标管理

序号	监督项目	技术监督工作内容	达到目标	执行标准	完成时间	负责部门及负责人	监督检查人	执行人签名
1	保护投入率	定期对保护回路进行检查，保证一次元件及仪表可靠性，保证保护投入率	保护投入率达100%	Q/CDT 101 11 004《中国大唐集团有限公司联合循环发电厂技术监控规程》第5部分：热工技术监督	每月	技术监督专工、专业专工	总工程师	
2	保护动作正确率	定期进行静态试验，保证回路、仪表工作正常可靠	动作正确率达100%	Q/CDT 101 11 004《中国大唐集团有限公司联合循环发电厂技术监控规程》第5部分：热工技术监督	每月	技术监督专工、专业专工	总工程师	
3	自动投入率	机组检修及重大改动后，按要求进行模拟量系统扰动试验。逐步优化控制系统控制策略，优化控制参数，改进或优化一次测量参数的准确性、可靠性，提高自动投入率	自动投入率在95%以上	Q/CDT 101 11 004《中国大唐集团有限公司联合循环发电厂技术监控规程》第5部分：热工技术监督	每月	技术监督专工、专业专工	总工程师	
4	仪表抽检合格率	机组抽检重要参数数量不少于5点，并保证抽检点抽检合格率不低于98%	抽检合格率在98%以上	《发电厂热工仪表及控制系统技术监督导则》； Q/CDT 101 11 004《中国大唐集团有限公司联合循环发电厂技术监控规程》第5部分：热工技术监督	每月	技术监督专工、专业专工	总工程师	

续表

序号	监督项目	技术监督工作内容	达到目标	执行标准	完成时间	负责部门及负责人	监督检查人	执行人签名
5	计算机测点投入率	核查是否对DAS点进行检查统计，是否有测点设计清单，抽查设计测点与现场测点的一致性	测点投入率在99%以上	Q/CDT 101 11 004《中国大唐集团有限公司联合循环发电厂技术监控规程》第5部分：热工技术监督	每月	技术监督专工、专业专工	总工程师	
6	计算机测点合格率	核查是否对DAS点进行定期检查与校验，是否利用抽检或机组检修对DAS通道进行检查、校验，发现的问题是否及时处理	测点合格率在99%以上	Q/CDT 101 11 004《中国大唐集团有限公司联合循环发电厂技术监控规程》第5部分：热工技术监督	每月	技术监督专工、专业专工	总工程师	

五、试验与检验

序号	监督项目	技术监督工作内容	达到目标	执行标准	完成时间	负责部门及负责人	监督检查人	执行人签名
1	控制系统性能试验	包含但不限于以下项目： （1）冗余性能试验：包括各操作员站和功能服务站冗余切换试验、通信网络冗余切换试验、系统（或机柜）供电冗余切换试验、控制回路冗余切换试验； （2）系统容错性能试验：在操作员站的键盘上操作任何未经定义的键、进行部分系统和外围设备的重置、工程师站重启后、模件热拔插等控制系统； （3）系统实时性测试； （4）系统响应时间的测试； （5）系统负荷率的测试；	达到相关规程要求	DL/T 774《火力发电厂热工自动化系统检修运行维护规程》； Q/CDT 101 11 004《中国大唐集团有限公司联	参见DL/T 774《火力发电厂热工自动化系统检	技术监督专工、专业专工	总工程师	

续表

序号	监督项目	技术监督工作内容	达到目标	执行标准	完成时间	负责部门及负责人	监督检查人	执行人签名
1	控制系统性能试验	（6）抗干扰能力试验； （7）测量模件处理精度测试	达到相关规程要求	合循环发电厂技术监控规程》第5部分：热工技术监督	修运行维护规程》的要求	技术监督专工、专业专工	总工程师	
2	控制系统功能试验	包含但不限于以下项目： （1）系统组态和在线下载功能试验； （2）操作员站人机接口功能试验； （3）报表打印功能试验； （4）历史数据存储和检索功能试验； （5）通信接口连接试验	全部试验合格，功能正常可用	Q/CDT 101 11 004《中国大唐集团有限公司联合循环发电厂技术监控规程》第5部分：热工技术监督	参见DL/T 774《火力发电厂热工自动化系统检修运行维护规程》的要求	技术监督专工、专业专工	总工程师	
3	保护系统定期试验	按系统重要程度，按规定时间进行保护定期传动试验，保证保护系统随时处于正常工作状态	正确动作率达100%	Q/CDT 101 11 004《中国大唐集团有限公司联合循环发电厂技术监控规程》第5部分：热工技术监督	参见Q/CDT 101 11 004《中国大唐集团有限公司联合循环发电厂技术监控规程》第5部分：热工技术监督的要求	技术监督专工、专业专工	总工程师	
4	热工装置及控制系统电源切换试验	热工控制系统、仪表系统主备电源切换试验，低电压切换试验	要求主备电源切换时间不能大于使控制系统计算机重启为合格，低电压切换时也不能使控制系统计算机重启	Q/CDT 101 11 004《中国大唐集团有限公司联合循环发电厂技术监控规程》第5部分：热工技术监督	参见DL/T 774《火力发电厂热工自动化系统检修运行维护规程》的要求	技术监督专工、专业专工	总工程师	

续表

序号	监督项目	技术监督工作内容	达到目标	执行标准	完成时间	负责部门及负责人	监督检查人	执行人签名
5	标准室仪器仪表送检	标准室仪器仪表到检定周期前1个月，送科研院、省计量院检定	送检率达100%	Q/CDT 101 11 004《中国大唐集团有限公司联合循环发电厂技术监控规程》第16部分：计量技术管理	按计划	技术监督专工、专业专工	总工程师	

六、检修监督

序号	监督项目	技术监督工作内容	达到目标	执行标准	完成时间	负责部门及负责人	监督检查人	执行人签名
1	检修计划	根据检修等级、设备状况确定检修前试验摸底项目、检修项目、检修过程技术监督项目、检修质量验收计划、检修再鉴定与系统恢复试验计划及修后性能验收等计划内容，形成检修技术材料	计划项目完整、过程监督规范、检修质量达标	Q/CDT 101 11 004《中国大唐集团有限公司联合循环发电厂技术监控规程》第5部分：热工技术监督	结合检修	技术监督专工、专业专工	总工程师	
2	检修总结	根据DL/T 838《燃煤火力发电企业设备检修导则》的技术要求，结合检修准备、实施与结果等情况进行检修总结，提出全面的检修总结报告	规范、准确，全面、完整	DL/T 838《燃煤火力发电企业设备检修导则》； Q/CDT 101 11 004《中国大唐集团有限公司联合循环发电厂技术监控规程》第5部分：热工技术监督	机组复役后30天内	技术监督专工、专业专工	总工程师	
3	热工保护联锁系统试验	燃气轮机、余热锅炉主保护及主要辅机保护传动试验	正确动作率达100%	Q/CDT 101 11 004《中国大唐集团有限公司联合循环发电厂技术监控规程》第5部分：热工技术监督	根据检修计划	技术监督专工、专业专工	总工程师	

续表

序号	监督项目	技术监督工作内容	达到目标	执行标准	完成时间	负责部门及负责人	监督检查人	执行人签名
4	热工仪表仪表检定	各系统所属弹簧压力表、压力变送器、差压变送器、压力控制器、转速表、热电偶、热电阻、温度变送器检定，并合格	校验后仪表合格率100%	仪表检定规程	根据检修计划	技术监督专工、专业专工	总工程师	
5	机组启动前试验	包含但不限于以下项目： （1）DCS系统功能测试； （2）TCS系统性能测试； （3）燃气轮机、余热锅炉等大联锁、汽轮机保护联锁、锅炉保护联锁（汽包水位高、低试验）； （4）阀门活动性试验（汽轮机阀门活动试验、燃料系统清吹阀活动试验、燃料控制阀全行程活动试验、压气机进口导叶全行程活动试验）； （5）燃气轮机冷却风机切换试验； （6）燃气轮机的点火枪动作试验及火检信号的试验； （7）汽轮机ETS在线试验（若具备）； （8）阀门特性试验； （9）汽门（各主汽门、调速汽门、抽汽止回门及抽汽快关阀）静态快关时间测定试验	功能满足相关规程要求	Q/CDT 101 11 004《中国大唐集团有限公司联合循环发电厂技术监控规程》第5部分：热工技术监督	根据检修计划	技术监督专工、专业专工	总工程师	
6	并网后试验	包含但不限于以下项目： （1）机组RB功能试验； （2）模拟量控制系统扰动试验； （3）AGC试验； （4）一次调频试验； （5）阀门活动性试验	功能、性能满足要求	Q/CDT 101 11 004《中国大唐集团有限公司联合循环发电厂技术监控规程》第5部分：热工技术监督	根据检修计划	技术监督专工、专业专工	总工程师	

第六章

节能技术监督

一、基础管理工作

序号	监督项目	技术监督工作内容	达到目标	执行标准	完成时间	负责部门及负责人	监督检查人	执行人签名
1	规程制度	建立完善的管理制度，至少应包括： （1）非生产用能管理制度； （2）热力试验管理制度（含定期化验）； （3）基层企业生产统计管理制度； （4）技术经济指标统计、计算方法	制度齐全、有效，并规范执行	Q/CDT 101 11 004《中国大唐集团有限公司联合循环发电厂技术监控规程》第 6 部分：节能技术监督	及时补充修订	技术监督专工、专业专工	总工程师	
2	技术资料、设备清册和台账	完善相关资料、台账： （1）设计和基建阶段技术资料，包括但不限于： 1）燃气轮机、余热锅炉及汽轮机主、辅机原始设备资料； 2）燃气轮机说明书； 3）燃气轮机热力特性书（含修正曲线）； 4）汽轮机热力特性书（含修正曲线）； 5）凝汽器设计使用说明书； 6）主要辅机（如给水泵、凝结水泵、循环水泵等）设计使用说明书（含性能曲线）； 7）冷却塔设计说明书；	技术资料、档案齐全，条目清晰	Q/CDT 101 11 004《中国大唐集团有限公司联合循环发电厂技术监控规程》第 6 部分：节能技术监督	及时滚动更新	技术监督专工、专业专工	总工程师	

续表

序号	监督项目	技术监督工作内容	达到目标	执行标准	完成时间	负责部门及负责人	监督检查人	执行人签名
2	技术资料、设备清册和台账	8）余热锅炉设计说明书、使用说明书、热力计算书； 9）公用系统（如天然气调压站、化学制水等）资料； 10）调试报告、性能试验等投产验收报告。 （2）规程及系统图，包括： 1）运行规程及检修规程； 2）系统图。 （3）能源计量管理和技术资料，包括但不限于： 1）能源计量器具一览表、燃料计量点图、电能计量点图、热计量点图、水计量点图； 2）能源计量器具检定、检验、校验计划； 3）能源计量器具检定、检验、校验报告（记录），包括入厂天然气计量装置，关口、发电机出口、主变压器二次侧、高低压厂用变压器、非生产用电等电能计量表，对外供热、厂用供热、非生产用热等热计量表计，向厂内供水、对外供水、化学用水、锅炉补水、非生产用水等水计量总表等项目	技术资料、档案齐全，条目清晰	Q/CDT 101 11 004《中国大唐集团有限公司联合循环发电厂技术监控规程》第6部分：节能技术监督	及时滚动更新	技术监督专工、专业专工	总工程师	
3	原始记录和试验报告	试验、测试、化验报告，包括但不限于： （1）主、辅机（燃气轮机、余热锅炉、汽轮机、泵、凝汽器等）性能考核试验报告； （2）历次检修前后燃气轮机、汽轮机、余热锅炉性能试验报告； （3）机组检修前、后保温效果测试报告； （4）机组优化运行试验报告，包括燃气轮机燃烧调整试验、汽轮机定滑压试验、冷端运行优化试验、脱硝系统优化运行试验等；	图纸资料齐全、完整	Q/CDT 101 11 004《中国大唐集团有限公司联合循环发电厂技术监控规程》第6部分：节能技术监督	及时滚动更新	技术监督专工、专业专工	总工程师	

续表

序号	监督项目	技术监督工作内容	达到目标	执行标准	完成时间	负责部门及负责人	监督检查人	执行人签名
3	原始记录和试验报告	（5）主、辅设备技术改造前后性能对比试验报告，如汽轮机通流改造前后试验、锅炉受热面改造前后试验、水泵改造前后试验等； （6）全厂能量平衡测试报告，包括全厂燃料、汽水、电量、热量等能量平衡测试； （7）定期试验（测试）报告，包括真空严密性、月度冷却塔性能测试等； （8）定期化验报告，包括入厂天然气等项目	图纸资料齐全、完整	Q/CDT 101 11 004《中国大唐集团有限公司联合循环发电厂技术监控规程》第 6 部分：节能技术监督	及时滚动更新	技术监督专工、专业专工	总工程师	

二、日常管理工作

序号	监督项目	技术监督工作内容	达到目标	执行标准	完成时间	负责部门及负责人	监督检查人	执行人签名
1	监督体系	应建立健全总工程师、专业技术监督工程师、有关部门的专业或班组的专业技术人员组成的三级技术监督网，并明确岗位职责，做好日常的节能技术监督工作	网络完善，职责清晰	Q/CDT 101 11 004《中国大唐集团有限公司联合循环发电厂技术监控规程》第 6 部分：节能技术监督	每年	技术监督专工	总工程师	
2	年度计划	编制下年度监督工作计划，主要内容应包括： （1）规程、制度的制定及修订计划； （2）技术监督定期工作计划； （3）检修、技改期间应开展的技术监督项目计划； （4）技术监督发现问题整改计划；	内容全面、目标明确、流程细化	Q/CDT 101 11 004《中国大唐集团有限公司联合循环发电厂技术监控规程》第 6 部分：节能技术监督	每年 12 月 20 日前	技术监督专工	总工程师	

续表

序号	监督项目	技术监督工作内容	达到目标	执行标准	完成时间	负责部门及负责人	监督检查人	执行人签名
2	年度计划	（5）专业设备及仪器仪表的检验、检定计划； （6）人员培训计划（主要包括内部培训、外部培训取证，规程宣贯）	内容全面、目标明确、流程细化	Q/CDT 101 11 004《中国大唐集团有限公司联合循环发电厂技术监控规程》第6部分：节能技术监督	每年12月20日前	技术监督专工	总工程师	
3	年度总结	主要内容包括： （1）监督指标完成情况； （2）完成的重点工作； （3）成绩和不足； （4）下一年度重点工作安排	总结及时、完整	《中国大唐集团有限公司发电企业技术监控管理办法》； Q/CDT 101 11 004《中国大唐集团有限公司联合循环发电厂技术监控规程》第6部分：节能技术监督	每年1月10日前	技术监督专工、专业专工	总工程师	
4	月度总结与计划	对照月度工作计划，对实际工作开展情况进行检查，分析本月监督指标、存在问题；依据年度工作计划、检修计划和问题整改计划等内容，制订合理的下月工作计划	总结全面、深刻，计划完整、具体	Q/CDT 101 11 004《中国大唐集团有限公司联合循环发电厂技术监控规程》第6部分：节能技术监督	每月底	技术监督专工、专业专工	总工程师	
5	月度报表	按照集团公司技术监督月度报表要求进行填报，并及时报送至科研院	数据准确、内容完整、格式正确	Q/CDT 101 11 004《中国大唐集团有限公司联合循环发电厂技术监控规程》第6部分：节能技术监督	每月10日前	技术监督专工、专业专工	总工程师	

三、专业管理工作

序号	监督项目	技术监督工作内容	达到目标	执行标准	完成时间	负责部门及负责人	监督检查人	执行人签名
1	专业会管理	每年至少召开一次节能技术监督专业会（可与月度技术监督专题会合开），总结技术监督工作，对技术监督中出现的问题提出处理意见和防范措施	按期执行、规范有效	《中国大唐集团有限公司发电企业技术监控管理办法》； Q/CDT 101 11 004《中国大唐集团有限公司联合循环发电厂技术监控规程》第 6 部分：节能技术监督	每年	技术监督专工	总工程师	
2	动态检查	按要求开展技术监督动态检查的专业自查，并形成自查报告，认真配合科研院现场检查	规范自查、认真配合、提高水平	Q/CDT 101 11 004《中国大唐集团有限公司联合循环发电厂技术监控规程》第 6 部分：节能技术监督	上、下半年	技术监督专工、专业专工	总工程师	
3	机组技术改造或设备异动	按计划开展机组技术改造或进行专业设备异动，进行全过程技术监督，保证技改或异动达到预计效果，及时补充、更新相关系统设备台账资料，修订相关系统设备的运行、检修规程等	达到预期目标	Q/CDT 101 11 004《中国大唐集团有限公司联合循环发电厂技术监控规程》第 6 部分：节能技术监督	按计划时间	技术监督专工、专业专工	总工程师	
4	技术培训、取证、复证考试，学术交流及技术研讨	按计划开展企业内部技术培训，及时参加科研院、集团公司、行业组织的各项培训取证和学术交流及技术研讨活动	提高专业技术水平	《中国大唐集团有限公司发电企业技术监控管理办法》； Q/CDT 101 11 004《中国大唐集团有限公司联合循环发电厂技术监控规程》第 6 部分：节能技术监督	按计划	技术监督专工、专业专工	总工程师	

续表

序号	监督项目	技术监督工作内容	达到目标	执行标准	完成时间	负责部门及负责人	监督检查人	执行人签名
5	异常情况	对专业异常、事故情况进行分析处理，形成分析报告或纪要，留存档案，对照整改，主要事件及其处理情况列入月度报表上报	分析准确、措施得当、处理有效	Q/CDT 101 11 004《中国大唐集团有限公司联合循环发电厂技术监控规程》第 6 部分：节能技术监督	每月底	技术监督专工、专业专工	总工程师	
6	缺陷处理	对专业缺陷及时进行处理、分析总结，编写处理分析报告	分析规律，查找根源，制订措施，降低发生率	Q/CDT 101 11 004《中国大唐集团有限公司联合循环发电厂技术监控规程》第 6 部分：节能技术监督	每月底	专业专工	技术监督专工	
7	监督预警	跟踪科研院下发的技术监督预警的整改完成情况，及时反馈预警通知回执单	按期完成预警整改	Q/CDT 101 11 004《中国大唐集团有限公司联合循环发电厂技术监控规程》第 6 部分：节能技术监督	每月	技术监督专工、专业专工	总工程师	
8	专项排查	跟踪科研院下发的技术监督专项排查通知的完成情况，及时反馈排查情况报告	按期完成排查与报告	Q/CDT 101 11 004《中国大唐集团有限公司联合循环发电厂技术监控规程》第 6 部分：节能技术监督	每月	技术监督专工、专业专工	总工程师	
9	技术监督发现问题的管理与闭环	每月核对技术监督发现的问题（包括企业自查发现的问题，科研院发出的监督预警、专项排查、动态检查发现的问题等）整改情况，并在信息管理系统录入针对问题采取的整改措施和完成情况	更新及时，整改完成或整改方案制订及时、完整	Q/CDT 101 11 004《中国大唐集团有限公司联合循环发电厂技术监控规程》第 6 部分：节能技术监督	每月	技术监督专工、专业专工	总工程师	

四、指标管理

序号	监督项目	技术监督工作内容	达到目标	执行标准	完成时间	负责部门及负责人	监督检查人	执行人签名
1	发电量	对全厂和机组的发电量进行统计、分析和考核	计划发电量	DL/T 1052《电力节能技术监督导则》； DL/T 904《火力发电厂技术经济指标计算方法》	每月	专业专工	技术监督专工	
2	供热量	对全厂和机组的供热量进行统计、分析和考核	计划供热量	DL/T 1052《电力节能技术监督导则》； DL/T 904《火力发电厂技术经济指标计算方法》	每月	专业专工	技术监督专工	
3	发电煤耗	（1）对全厂和机组的供热量进行统计、分析和考核； （2）按照天然气的低位发热量计算正平衡发电煤耗； （3）正平衡气耗定期采用反平衡法校核； （4）设备和运行条件发生变化时，重新核定经济指标水平； （5）按照分解的月指标计划考核	先进值	DL/T 1052《电力节能技术监督导则》； DL/T 904《火力发电厂技术经济指标计算方法》	每月	专业专工	技术监督专工	
4	供电煤耗	（1）对全厂和机组的供热量进行统计、分析和考核； （2）按照天然气的低位发热量计算正平衡供电煤耗； （3）正平衡气耗定期采用反平衡法校核； （4）设备和运行条件发生变化时，重新核定经济指标水平； （5）按照分解的月指标计划考核	先进值	DL/T 1052《电力节能技术监督导则》； DL/T 904《火力发电厂技术经济指标计算方法》	每月	专业专工	技术监督专工	

续表

序号	监督项目	技术监督工作内容	达到目标	执行标准	完成时间	负责部门及负责人	监督检查人	执行人签名
5	供热煤耗	（1）对全厂和机组的供热量进行统计、分析和考核； （2）按照天然气的低位发热量计算正平衡供热煤耗； （3）正平衡气耗定期采用反平衡法校核； （4）设备和运行条件发生变化时，重新核定经济指标水平； （5）按照分解的月指标计划考核	先进值	DL/T 1052《电力节能技术监督导则》； DL/T 904《火力发电厂技术经济指标计算方法》	每月	专业专工	技术监督专工	
6	综合厂用电率	（1）对全厂和机组的综合厂用电率进行统计、分析和考核； （2）设备和运行条件发生变化时，重新核定经济指标水平； （3）按照分解的月指标计划考核	先进值	DL/T 1052《电力节能技术监督导则》； DL/T 904《火力发电厂技术经济指标计算方法》	每月	专业专工	技术监督专工	
7	发电厂用电率	（1）对全厂和机组的发电厂用电率进行统计、分析和考核； （2）设备和运行条件发生变化时，重新核定经济指标水平； （3）按照分解的月指标计划考核	先进值	DL/T 1052《电力节能技术监督导则》； DL/T 904《火力发电厂技术经济指标计算方法》	每月	专业专工	技术监督专工	
8	发电油耗	（1）对全厂和机组的发电油耗进行统计、分析和考核； （2）设备和运行条件发生变化时，重新核定经济指标水平； （3）按照分解的月指标计划考核	先进值	DL/T 1052《电力节能技术监督导则》	每月	专业专工	技术监督专工	

续表

序号	监督项目	技术监督工作内容	达到目标	执行标准	完成时间	负责部门及负责人	监督检查人	执行人签名
9	发电水耗	（1）对全厂和机组的发电水耗进行统计、分析和考核； （2）设备和运行条件发生变化时，重新核定经济指标水平； （3）按照分解的月指标计划考核	先进值	DL/T 1052《电力节能技术监督导则》； DL/T 904《火力发电厂技术经济指标计算方法》	每月	专业专工	技术监督专工	
10	锅炉效率	由日常运行、试验等数据按有关规定的计算方法得出，按运行负荷与运行规程中锅炉效率设计值或核定值进行比较	达到设计值	GB/T 10863《烟道式余热锅炉热工试验方法》； DL/T 1427《联合循环余热锅炉性能试验规程》	每月	专业专工	技术监督专工	
11	主蒸汽压力	（1）主蒸汽压力应达到机组滑压优化的最佳值； （2）主蒸汽压力的监督以统计报表、现场检查和试验数据作为依据	汽轮机侧优化值	DL/T 1052《电力节能技术监督导则》； Q/CDT 101 11 004《中国大唐集团有限公司联合循环发电厂技术监控规程》第 6 部分：节能技术监督	每日	专业专工	技术监督专工	
12	主蒸汽温度	（1）与主蒸汽温度设计值比较，炉侧和机侧分别比较； （2）主蒸汽温度偏离值应符合规程规定的运行允许值范围； （3）主蒸汽温度的监督以统计报表、现场检查和试验数据作为依据	不超过设计值或运行允许值±2℃	DL/T 1052《电力节能技术监督导则》； Q/CDT 101 11 004《中国大唐集团有限公司联合循环发电厂技术监控规程》第 6 部分：节能技术监督	每日	专业专工	技术监督专工	

续表

序号	监督项目	技术监督工作内容	达到目标	执行标准	完成时间	负责部门及负责人	监督检查人	执行人签名
13	再热蒸汽温度	（1）与再热蒸汽温度设计值比较，炉侧和机侧分别比较； （2）再热蒸汽温度偏离值应符合规程规定的运行允许值范围； （3）再热蒸汽温度的监督以统计报表、现场检查和试验数据作为依据	不超过设计值或运行允许值±2℃	DL/T 1052《电力节能技术监督导则》； Q/CDT 101 11 004《中国大唐集团有限公司联合循环发电厂技术监控规程》第 6 部分：节能技术监督	每日	专业专工	技术监督专工	
14	再热减温水量	（1）与锅炉再热减温水量设计值比较； （2）再热减温水量偏离值应符合规程规定的范围； （3）再热减温水量的监督以统计报表、现场检查和试验数据作为依据	不大于 2t/h	DL/T 1052《电力节能技术监督导则》； Q/CDT 101 11 004《中国大唐集团有限公司联合循环发电厂技术监控规程》第 6 部分：节能技术监督	每日	专业专工	技术监督专工	
15	吹灰器投入情况	以统计记录和现场检查作为依据	全部	DL/T 1052《电力节能技术监督导则》	每日	专业专工	技术监督专工	
16	给水温度	（1）统计期给水温度不低于规定值； （2）给水温度的监督以统计报表、现场检查和试验数据作为依据	不低于对应负荷下的设计值	DL/T 1052《电力节能技术监督导则》； Q/CDT 101 11 004《中国大唐集团有限公司联合循环发电厂技术监控规程》第 6 部分：节能技术监督	每日	专业专工	技术监督专工	

续表

序号	监督项目	技术监督工作内容	达到目标	执行标准	完成时间	负责部门及负责人	监督检查人	执行人签名
17	排烟温度	（1）与运行规程中锅炉排烟温度设计值进行比较，不大于规定值； （2）排烟温度应采用等截面网格法进行标定，排烟温度的监督以统计报表、现场检查和试验数据作为依据	不大于设计值（或核定值）的3%	DL/T 1052《电力节能技术监督导则》； Q/CDT 101 11 004《中国大唐集团有限公司联合循环发电厂技术监控规程》第6部分：节能技术监督	每日	专业专工	技术监督专工	
18	烟气含氧量	（1）与运行规程中锅炉烟气含氧量设计值进行比较； （2）运行值应维持在规程规定的允许范围之内，烟气含氧量的监督以统计报表、现场检查和试验数据作为依据	设计的烟气含氧量	DL/T 1052《电力节能技术监督导则》	每日	专业专工	技术监督专工	
19	辅机单耗	锅炉水泵、给水泵、凝结水泵和循环水泵的单耗与同类型机组的最好水平比较	同类型机组先进值或历史最优值	DL/T 1052《电力节能技术监督导则》； Q/CDT 101 11 004《中国大唐集团有限公司联合循环发电厂技术监控规程》第6部分：节能技术监督	每日	专业专工	技术监督专工	
20	联合循环热耗率	由日常运行、试验等数据按有关规定的计算方法得出，按运行负荷与运行规程中设计值或核定值进行比较	达到集团公司的管理要求	DL/T 1052《电力节能技术监督导则》； DL/T 904《火力发电厂技术经济指标计算方法》； GB/T 8117.2《汽轮机热力性能验收试验规程 第2部分：方法B——	每月	专业专工	技术监督专工	

续表

序号	监督项目	技术监督工作内容	达到目标	执行标准	完成时间	负责部门及负责人	监督检查人	执行人签名
20	联合循环热耗率	由日常运行、试验等数据按有关规定的计算方法得出，按运行负荷与运行规程中设计值或核定值进行比较	达到集团公司的管理要求	各种类型和容量的汽轮机宽准确度试验》； GB/T 18929《联合循环发电装置 验收试验》	每月	专业专工	技术监督专工	
21	压气机排气温度	（1）压气机排气温度应符合规程规定值； （2）压气机排气温度的监督以统计报表、现场检查和试验数据作为依据	不大于设计值（或核定值）	DL/T 904《火力发电厂技术经济指标计算方法》； Q/CDT 101 11 004《中国大唐集团有限公司联合循环发电厂技术监控规程》第6部分：节能技术监督	每日	专业专工	技术监督专工	
22	压气机排气压力	（1）压气机排气压力应符合规程规定值； （2）压气机排气压力的监督以统计报表、现场检查和试验数据作为依据	不大于设计值（或核定值）	DL/T 904《火力发电厂技术经济指标计算方法》； Q/CDT 101 11 004《中国大唐集团有限公司联合循环发电厂技术监控规程》第6部分：节能技术监督	每日	专业专工	技术监督专工	
23	压气机压比	（1）压气机压比与设计值比较，应符合规程规定值； （2）压气机压比的监督以统计报表、现场检查和试验数据作为依据	不小于设计值（或核定值）	DL/T 904《火力发电厂技术经济指标计算方法》； Q/CDT 101 11 004《中国大唐集团有限公司联合循环发电厂技术监控规程》第6部分：节能技术监督	每日	专业专工	技术监督专工	

续表

序号	监督项目	技术监督工作内容	达到目标	执行标准	完成时间	负责部门及负责人	监督检查人	执行人签名
24	压气机进气滤网压差	（1）压气机进气滤网压差与设计值比较，应符合规程规定值； （2）压气机进气滤网压差的监督以统计报表、现场检查和试验数据作为依据	不大于设计值（或核定值）	Q/CDT 101 11 004《中国大唐集团有限公司联合循环发电厂技术监控规程》第6部分：节能技术监督	每日	专业专工	技术监督专工	
25	燃料气（天然气）温度	（1）与燃料气（天然气）温度设计值比较； （2）燃料气（天然气）温度偏离值符合规程规定； （3）燃料气（天然气）温度的监督以统计报表、现场检查和试验数据作为依据	不超过设计值±3℃	DL/T 904《火力发电厂技术经济指标计算方法》； Q/CDT 101 11 004《中国大唐集团有限公司联合循环发电厂技术监控规程》第6部分：节能技术监督	每日	专业专工	技术监督专工	
26	燃气轮机排气温度分散度	燃气轮机排气温度分散度应符合规定值	不低于设计值	Q/CDT 101 11 004《中国大唐集团有限公司联合循环发电厂技术监控规程》第6部分：节能技术监督	每日	专业专工	技术监督专工	
27	燃气轮机排气温度	（1）燃气轮机排气温度应符合规程规定值； （2）燃气轮机排气温度的监督以统计报表、现场检查和试验数据作为依据	不高于设计值	DL/T 904《火力发电厂技术经济指标计算方法》； Q/CDT 101 11 004《中国大唐集团有限公司联合循环发电厂技术监控规程》第6部分：节能技术监督	每日	专业专工	技术监督专工	

续表

序号	监督项目	技术监督工作内容	达到目标	执行标准	完成时间	负责部门及负责人	监督检查人	执行人签名
28	凝汽器真空度	（1）凝汽器真空度应符合规程规定值； （2）循环水供热机组仅考核非供热期，背压机组不考核	达到相应循环水进水温度下的设计值	DL/T 1052《电力节能技术监督导则》	每日	专业专工	技术监督专工	
29	凝汽器端差	对于不同的循环水入口温度，凝汽器端差应分别不大于规定值	（1）循环水入口温度14～30℃，小于或等于7℃； （2）循环水入口温度30℃以上，小于或等于5℃； （3）循环水入口温度14℃以下，小于或等于9℃	DL/T 1052《电力节能技术监督导则》	每日	专业专工	技术监督专工	
30	凝汽器过冷度	（1）统计期的凝汽器过冷度平均值应符合要求； （2）以统计报表和试验数据作为依据	不大于设计值2℃	DL/T 1052《电力节能技术监督导则》	每日	专业专工	技术监督专工	
31	胶球清洗装置投入率	胶球清洗装置投入率满足要求	投入率100%	DL/T 1052《电力节能技术监督导则》； Q/CDT 101 11 004《中国大唐集团有限公司联合循环发电厂技术监控规程》第6部分：节能技术监督	每周	专业专工	技术监督专工	
32	胶球清洗装置收球率	（1）胶球清洗装置收球率满足要求； （2）胶球清洗装置投入率、收球率以统计数据和现场实测数据为依据	收球率不低于95%	DL/T 1052《电力节能技术监督导则》； Q/CDT 101 11 004《中国大唐集团有限公司联合循环发电厂技术监控规程》第6部分：节能技术监督	每周	专业专工	技术监督专工	

续表

序号	监督项目	技术监督工作内容	达到目标	执行标准	完成时间	负责部门及负责人	监督检查人	执行人签名
33	汽轮机真空系统严密性	汽轮机真空系统严密性满足规定值	（1）100MW 及以上等级湿冷机组，不大于 270Pa/min；（2）100MW 以下湿冷机组，不大于 400 Pa/min；（3）空冷机组，不大于 100Pa/min	DL/T 932《凝汽器与真空系统运行维护导则》；Q/CDT 101 11 004《中国大唐集团有限公司联合循环发电厂技术监控规程》第 6 部分：节能技术监督	每月	专业专工	技术监督专工	
34	冷却塔的冷却幅高	（1）冷却塔的冷却幅高不大于规定值；（2）以现场实测和试验数据作为依据核查冷却塔运行效果	在 90%以上额定热负荷下，气象条件正常时，夏季冷却塔幅高不大于 7℃	DL/T 1052《电力节能技术监督导则》	每月	专业专工	技术监督专工	
35	疏放水阀门泄漏率	（1）疏放水阀门泄漏率满足规定值；（2）以现场实测和试验数据作为依据；（3）现场检查各系统漏点，录入缺陷，制订检修计划；（4）建立阀门内漏管理台账	泄漏率小于 3%	DL/T 1052《电力节能技术监督导则》	每月	专业专工	技术监督专工	
36	用水率	用水率不高于规定值	用水率不高于10%	DL/T 1052《电力节能技术监督导则》	每月	专业专工	技术监督专工	
37	补水率	补水率不大于规定值	补水率不大于 2%	DL/T 1052《电力节能技术监督导则》；Q/CDT 101 11 004《中国大唐集团有限公司联合循环发电厂技术监控规程》第 6 部分：节能技术监督	每月	专业专工	技术监督专工	

续表

序号	监督项目	技术监督工作内容	达到目标	执行标准	完成时间	负责部门及负责人	监督检查人	执行人签名
38	机组不明泄漏率	（1）大修前后试验报告内应计算此项内容； （2）汽水损失率符合规定值； （3）以实际测试值或试验报告值作为监督依据	汽水损失率低于锅炉实际蒸发量的0.5%	DL/T 1052《电力节能技术监督导则》	每月	专业专工	技术监督专工	
39	节能经济指标管理台账	应建立节能经济指标管理台账、机组典型工况节能运行管理台账及运行缺陷管理台账	建立符合要求的管理台账	DL/T 1052《电力节能技术监督导则》	每月	专业专工	技术监督专工	

五、试验与检验

序号	监督项目	技术监督工作内容	达到目标	执行标准	完成时间	负责部门及负责人	监督检查人	执行人签名
1	机组大、小修前后性能考核热力试验	机组进行大、小修前后均应做性能考核热力试验，各企业应组织预备性试验。大修前后的热力试验必须委托有资质的试验单位进行，试验条件应符合热力试验标准的要求。试验后由试验单位做出试验报告，试验报告中对机组存在影响运行经济性的问题加以分析	试验结果真实准确	GB/T 8117.2《汽轮机热力性能验收试验规程 第2部分：方法B——各种类型和容量的汽轮机宽准确度试验》； GB/T 18929《联合循环发电装置 验收试验》； GB/T 10863《烟道式余热锅炉热工试验方法》； DL/T 1427《联合循环余热锅炉性能试验规程》； 《电力节能检测实施细则》	等级检修前后一个月内完成	专业专工	技术监督专工	

续表

序号	监督项目	技术监督工作内容	达到目标	执行标准	完成时间	负责部门及负责人	监督检查人	执行人签名
2	技术改造项目相关的热力试验	机组实施了影响能耗的技术改造项目（工程）等，应在改造后一个月内组织进行全面的或与该系统相关的热力试验，以此作为对改造效果的评价依据和能耗分析依据	试验结果真实准确	GB/T 8117.2《汽轮机热力性能验收试验规程 第2部分：方法B——各种类型和容量的汽轮机宽准确度试验》； GB/T 18929《联合循环发电装置 验收试验》； GB/T 10863《烟道式余热锅炉热工试验方法》； DL/T 1427《联合循环余热锅炉性能试验规程》； 《电力节能检测实施细则》	设备技改结束后一个月内完成	专业专工	技术监督专工	
3	机炉及热力系统管道保温测试	环境温度为25℃时，表面温度不得超过50℃	试验结果真实准确	DL/T 1052《电力节能技术监督导则》	每半年	专业专工	技术监督专工	
4	阀门泄漏测试	机组检修前，提前安排进行系统阀门泄漏测试，相关单位应及时出具测试报告，以便进行修后指标对比	试验诊断机组状态，找出经济性能下降的原因，为设备检修提供依据	GB/T 10863《烟道式余热锅炉热工试验方法》； DL/T 1427《联合循环余热锅炉性能试验规程》； GB/T 8117.2《汽轮机热力性能验收试验规程 第2部分：方法B——各种类型和容量的汽轮机宽准确度试验》	检修前后一个月内	技术监督专工、专业专工	总工程师	

续表

序号	监督项目	技术监督工作内容	达到目标	执行标准	完成时间	负责部门及负责人	监督检查人	执行人签名
5	节能改造后试验项目	节能改造前后进行试验	试验结果真实准确	DL/T 1052《电力节能技术监督导则》	大修、设备节能改造后 30 天内	专业专工	技术监督专工	
6	全厂能量平衡试验	（1）全厂热平衡试验； （2）全厂电平衡试验； （3）全厂水平衡试验	试验结果真实准确	DL/T 606.1《火力发电厂能量平衡导则　第 1 部分：总则》	每五年	专业专工	技术监督专工	
7	真空严密性试验	测试报告要按有关规程进行计算、分析，数据要正确	试验结果真实准确	GB/T 8117.4《汽轮机热力性能验收试验规程　第 4 部分：方法 D——汽轮机及其热力循环简化性能试验》	每月和检修前后一个月内	专业专工	技术监督专工	
8	给水泵、循环水泵、凝结水泵等额定负荷下辅机单耗试验	额定负荷下的辅机单耗试验	试验结果真实准确	DL/T 1052《电力节能技术监督导则》； Q/CDT 101 11 004《中国大唐集团有限公司联合循环发电厂技术监控规程》第 6 部分：节能技术监督	每半年	专业专工	技术监督专工	
9	机组优化运行试验	汽轮机定滑压试验、冷端优化运行试验、锅炉配煤掺烧试验、锅炉燃烧调整试验、制粉系统优化试验、脱硫/脱硝/除尘系统优化运行试验等的试验结果应符合实际工况	试验数据真实，结论准确	Q/CDT 101 11 004《中国大唐集团有限公司联合循环发电厂技术监控规程》第 6 部分：节能技术监督	投产后、设备异动后、燃料发生较大变化后 30 天内	专业专工	技术监督专工	

续表

序号	监督项目	技术监督工作内容	达到目标	执行标准	完成时间	负责部门及负责人	监督检查人	执行人签名
10	热力试验测点	核查热力试验测点是否齐全，是否具有代表性	满足锅炉、燃气轮机和汽轮机性能试验要求	GB/T 10863《烟道式余热锅炉热工试验方法》； DL/T 1427《联合循环余热锅炉性能试验规程》； GB/T 8117.2《汽轮机热力性能验收试验规程 第 2 部分：方法 B——各种类型和容量的汽轮机宽准确度试验》； GB/T 18929《联合循环发电装置 验收试验》	定期	专业专工	技术监督专工	
11	仪器仪表	能源计量用仪器、仪表台账，技术档案资料，维护、检验计划和检验报告	齐全、完整	Q/CDT 101 11 004《中国大唐集团有限公司联合循环发电厂技术监控规程》第 6 部分：节能技术监督	定期	专业专工	技术监督专工	

六、检修监督

序号	监督项目	技术监督工作内容	达到目标	执行标准	完成时间	负责部门及负责人	监督检查人	执行人签名
1	检修计划	根据检修等级、设备状况确定检修前试验摸底项目、检修项目、检修过程技术监督项目、检修质量验收计划、检修再鉴定与系统恢复试验计划及修后性能验收等计划内容，形成检修技术材料	计划项目完整、过程监督规范、检修质量达标	Q/CDT 101 11 004《中国大唐集团有限公司联合循环发电厂技术监控规程》第 6 部分：节能技术监督	结合检修	技术监督专工、专业专工	总工程师	

续表

序号	监督项目	技术监督工作内容	达到目标	执行标准	完成时间	负责部门及负责人	监督检查人	执行人签名
2	检修总结	根据DL/T 838《燃煤火力发电企业设备检修导则》的技术要求，结合检修准备、实施与结果等情况进行检修总结，提出全面的检修总结报告	规范、准确，全面、完整	DL/T 838《燃煤火力发电企业设备检修导则》；Q/CDT 101 11 004《中国大唐集团有限公司联合循环发电厂技术监控规程》第6部分：节能技术监督	机组复役后30天内	技术监督专工、专业专工	总工程师	
3	节能项目	基层企业在检修维护计划中应列入必要的节能项目，监督节能项目的实施与质量把控	利用检修机会完成必要的节能项目	Q/CDT 101 11 004《中国大唐集团有限公司联合循环发电厂技术监控规程》第6部分：节能技术监督	检修结束后一个月内完成	技术监督专工、专业专工	总工程师	
4	鉴定试验和效果评价	检修后应对检修计划中节能项目的落实情况进行检查，技术改造项目应及时开展鉴定性试验，对检修和技改中的节能项目实施效果进行评价	测定机组检修后热力性能，评价机组设备检修、改造后的安全经济性	GB/T 10863《烟道式余热锅炉热工试验方法》；DL/T 1427《联合循环余热锅炉性能试验规程》；Q/CDT 101 11 004《中国大唐集团有限公司联合循环发电厂技术监控规程》第6部分：节能技术监督	机组复役后一个月内	技术监督专工、专业专工	总工程师	

第七章

继电保护及安全自动装置技术监督

一、基础管理工作

序号	监督项目	技术监督工作内容	达到目标	执行标准	完成时间	负责部门及负责人	监督检查人	执行人签名
1	规程制度	（1）建立完善本单位管理制度； （2）继电保护定值单管理制度； （3）继电保护装置投退管理制度； （4）岗位责任制度； （5）检修工作票制度及安全措施票制度； （6）现场定期校验制度； （7）现场巡回检查制度； （8）试验用仪器仪表管理制度； （9）继电保护设备缺陷和事故统计管理制度； （10）技术资料、图纸管理制度； （11）技术考核培训制度； （12）计算机软件管理制度	制度齐全、有效，并规范执行	Q/CDT 101 11 004《中国大唐集团有限公司联合循环发电厂技术监控规程》第7部分：继电保护及安全自动装置技术监督	及时补充修订	技术监督专工、专业专工	总工程师	
2	技术资料、设备清册和台账	建立和完善图纸、资料： （1）二次回路（包括控制及信号回路）原理图； （2）一次设备主接线图及主设备参数；	技术资料、档案齐全，条目清晰	Q/CDT 101 11 004《中国大唐集团有限公司联合循环发电厂技术监控规程》第7部分：继电	及时滚动更新	技术监督专工、专业专工	总工程师	

续表

序号	监督项目	技术监督工作内容	达到目标	执行标准	完成时间	负责部门及负责人	监督检查人	执行人签名
2	技术资料、设备清册和台账	（3）继电保护及安全自动装置及控制屏的端子排图； （4）继电保护及安全自动装置的产品（原理）说明书、原理逻辑图、程序框图、分板图、装焊图及元件参数； （5）保护及安全自动装置的定值整定计算书、定值（变更）通知单及执行情况； （6）保护及安全自动装置校验大纲； （7）继电保护、安全自动装置的出厂试验报告、投产试验报告及历次校验报告，校验报告应包括试验项目数据、结果、试验发现的问题及处理方法、试验负责人、试验使用的仪器、仪表、设备和试验日期等内容； （8）继电保护及安全自动装置及二次回路改进说明，包括改进原因、批准人、执行人和改进日期； （9）继电保护及安全自动装置现场运行规程； （10）继电保护及安全自动装置动作信号的含义说明； （11）故障录波器和录波量的排序、名称及标尺； （12）经安监部门备案的继电保护和安全自动装置典型安全措施表； （13）继电保护及安全自动装置动作情况记录	技术资料、档案齐全，条目清晰	保护及安全自动装置技术监督	及时滚动更新	技术监督专工、专业专工	总工程师	

续表

序号	监督项目	技术监督工作内容	达到目标	执行标准	完成时间	负责部门及负责人	监督检查人	执行人签名
3	原始记录和试验报告	完善包括图纸、资料、运行维护、检验、事故、发生缺陷及消缺等在内的各种设备台账和技术监督档案。 （1）各种记录： 1）继电保护设备运行检修日志； 2）继电保护及安全自动装置设备缺陷和处理记录； 3）设备技术改造或改进的详细说明； 4）继电保护及安全自动装置设备异常、障碍、事故记录； 5）机组继电保护检修、检定和试验调整记录； 6）试验用标准仪器表维修、检定记录； 7）计算机系统软件和应用软件备份； 8）事故通报学习记录； 9）保护动作情况记录。 （2）设备台账：发电机、变压器、电动机、电抗器、母线、线路等电力设备的继电保护及安全自动装置和二次回路的台账	记录、报告完整	Q/CDT 101 11 004《中国大唐集团有限公司联合循环发电厂技术监控规程》第7部分：继电保护及安全自动装置技术监督	及时滚动更新	专业专工	技术监督专工	

二、日常管理工作

序号	监督项目	技术监督工作内容	达到目标	执行标准	完成时间	负责部门及负责人	监督检查人	执行人签名
1	监督体系	应建立健全总工程师、专业技术监督工程师、有关部门的专业或班组的专业技术人员组成的三级技术监督网，并明确岗位职责，做好日常的继电保护及安全自动装置技术监督工作	网络完善，职责清晰	Q/CDT 101 11 004《中国大唐集团有限公司联合循环发电厂技术监控规程》第7部分：继电保护及安全自动装置技术监督	每年	技术监督专工	总工程师	

续表

序号	监督项目	技术监督工作内容	达到目标	执行标准	完成时间	负责部门及负责人	监督检查人	执行人签名
2	年度计划	编制下年度监督工作计划，主要内容应包括： （1）规程、制度的制定及修订计划； （2）技术监督定期工作计划； （3）检修、技改期间应开展的技术监督项目计划； （4）技术监督发现问题整改计划； （5）专业设备及仪器仪表的检验、检定计划； （6）人员培训计划（主要包括内部培训、外部培训取证，规程宣贯）	内容全面、目标明确、流程细化	Q/CDT 101 11 004《中国大唐集团有限公司联合循环发电厂技术监控规程》第7部分：继电保护及安全自动装置技术监督	每年12月20日前	技术监督专工	总工程师	
3	年度总结	主要内容包括： （1）监督指标完成情况； （2）完成的重点工作； （3）成绩和不足； （4）下一年度重点工作安排	总结及时、完整	《中国大唐集团有限公司发电企业技术监控管理办法》； Q/CDT 101 11 004《中国大唐集团有限公司联合循环发电厂技术监控规程》第7部分：继电保护及安全自动装置技术监督	每年1月10日前	技术监督专工、专业专工	总工程师	
4	月度总结与计划	对照月度工作计划，对实际工作开展情况进行检查，分析本月监督指标、存在问题；依据年度工作计划、检修计划和问题整改计划等内容，制订合理的下月工作计划	总结全面、深刻，计划完整、具体	Q/CDT 101 11 004《中国大唐集团有限公司联合循环发电厂技术监控规程》第7部分：继电保护及安全自动装置技术监督	每月底	技术监督专工、专业专工	总工程师	

续表

序号	监督项目	技术监督工作内容	达到目标	执行标准	完成时间	负责部门及负责人	监督检查人	执行人签名
5	月度报表	按照集团公司技术监督月度报表要求进行填报，并及时报送至科研院	数据准确、内容完整、格式正确	Q/CDT 101 11 004《中国大唐集团有限公司联合循环发电厂技术监控规程》第7部分：继电保护及安全自动装置技术监督	每月10日前	技术监督专工、专业专工	总工程师	

三、专业管理工作

序号	监督项目	技术监督工作内容	达到目标	执行标准	完成时间	负责部门及负责人	监督检查人	执行人签名
1	专业会管理	每年至少召开一次继电保护及安全自动装置技术监督专业会（可与月度技术监督专题会合开），总结技术监督工作，对技术监督中出现的问题提出处理意见和防范措施	按期执行、规范有效	《中国大唐集团有限公司发电企业技术监控管理办法》； Q/CDT 101 11 004《中国大唐集团有限公司联合循环发电厂技术监控规程》第7部分：继电保护及安全自动装置技术监督	每年	技术监督专工	总工程师	
2	动态检查	按要求开展技术监督动态检查的专业自查，并形成自查报告，认真配合科研院现场检查	规范自查、认真配合、提高水平	Q/CDT 101 11 004《中国大唐集团有限公司联合循环发电厂技术监控规程》第7部分：继电保护及安全自动装置技术监督	上、下半年	技术监督专工、专业专工	总工程师	

续表

序号	监督项目	技术监督工作内容	达到目标	执行标准	完成时间	负责部门及负责人	监督检查人	执行人签名
3	机组技术改造或设备异动	按计划开展机组技术改造或进行专业设备异动，进行全过程技术监督，保证技改或异动达到预计效果，及时补充、更新相关系统设备台账资料，修订相关系统设备的运行、检修规程等	达到预期目标	Q/CDT 101 11 004《中国大唐集团有限公司联合循环发电厂技术监控规程》第 7 部分：继电保护及安全自动装置技术监督	按计划时间	技术监督专工、专业专工	总工程师	
4	技术培训、取证、复证考试，学术交流及技术研讨	按计划开展企业内部技术培训，及时参加科研院、集团公司、行业组织的各项培训取证和学术交流及技术研讨活动	提高专业技术水平	《中国大唐集团有限公司发电企业技术监控管理办法》；Q/CDT 101 11 004《中国大唐集团有限公司联合循环发电厂技术监控规程》第 7 部分：继电保护及安全自动装置技术监督	按计划	技术监督专工、专业专工	总工程师	
5	异常情况	对专业异常、事故情况进行分析处理，形成分析报告或纪要，留存档案，对照整改，主要事件及其处理情况列入月度报表上报	分析准确、措施得当、处理有效	Q/CDT 101 11 004《中国大唐集团有限公司联合循环发电厂技术监控规程》第 7 部分：继电保护及安全自动装置技术监督	每月底	技术监督专工、专业专工	总工程师	
6	缺陷处理	对专业缺陷及时进行处理、分析总结，编写处理分析报告	分析规律，查找根源，制订措施，降低发生率	Q/CDT 101 11 004《中国大唐集团有限公司联合循环发电厂技术监控规程》第 7 部分：继电保护及安全自动装置技术监督	每月底	专业专工	技术监督专工	

续表

序号	监督项目	技术监督工作内容	达到目标	执行标准	完成时间	负责部门及负责人	监督检查人	执行人签名
7	监督预警	跟踪科研院下发的技术监督预警的整改完成情况，及时反馈预警通知回执单	按期完成预警整改	Q/CDT 101 11 004《中国大唐集团有限公司联合循环发电厂技术监控规程》第7部分：继电保护及安全自动装置技术监督	每月	技术监督专工、专业专工	总工程师	
8	专项排查	跟踪科研院下发的技术监督专项排查通知的完成情况，及时反馈排查情况报告	按期完成排查与报告	Q/CDT 101 11 004《中国大唐集团有限公司联合循环发电厂技术监控规程》第7部分：继电保护及安全自动装置技术监督	每月	技术监督专工、专业专工	总工程师	
9	技术监督发现问题的管理与闭环	每月核对技术监督发现的问题（包括企业自查发现的问题，科研院发出的监督预警、专项排查、动态检查发现的问题等）整改情况，并在信息管理系统录入针对问题采取的整改措施和完成情况	更新及时，整改完成或整改方案制订及时、完整	Q/CDT 101 11 004《中国大唐集团有限公司联合循环发电厂技术监控规程》第7部分：继电保护及安全自动装置技术监督	每月	技术监督专工、专业专工	总工程师	

四、指标管理

序号	监督项目	技术监督工作内容	达到目标	执行标准	完成时间	负责部门及负责人	监督检查人	执行人签名
1	保护正确动作率	检验项目齐全、试验准确	保护正确动作率达100%	Q/CDT 101 11 004《中国大唐集团有限公司联合循环发电厂技术监控规程》第7部分：继电保护及安全自动装置技术监督	全年	技术监督专工	总工程师	

续表

序号	监督项目	技术监督工作内容	达到目标	执行标准	完成时间	负责部门及负责人	监督检查人	执行人签名
2	保护投入率	检验后保证各项指标满足运行要求	保护投入率达100%	Q/CDT 101 11 004《中国大唐集团有限公司联合循环发电厂技术监控规程》第7部分：继电保护及安全自动装置技术监督	全年	技术监督专工	总工程师	
3	继电保护不正确动作造成非计划停运	按期检验，检验项目齐全、试验准确，及时消缺	不正确动作次数为0	Q/CDT 101 11 004《中国大唐集团有限公司联合循环发电厂技术监控规程》第7部分：继电保护及安全自动装置技术监督	全年	技术监督专工	总工程师	
4	保护检验率	按时完成检验计划	保护检验率达100%	Q/CDT 101 11 004《中国大唐集团有限公司联合循环发电厂技术监控规程》第7部分：继电保护及安全自动装置技术监督	全年	技术监督专工	总工程师	
5	故障录波完好率	按期检验，检验项目齐全、试验准确	故障录波完好率达100%	Q/CDT 101 11 004《中国大唐集团有限公司联合循环发电厂技术监控规程》第7部分：继电保护及安全自动装置技术监督	全年	技术监督专工	总工程师	

五、试验与检验

序号	监督项目	技术监督工作内容	达到目标	执行标准	完成时间	负责部门及负责人	监督检查人	执行人签名
1	发电机-变压器组保护定检	（1）装置硬件检查； （2）绝缘试验； （3）装置通电试验； （4）模数量检查； （5）传动试验	检验项目齐全、各项指标满足要求、缺陷消除率达100%	Q/CDT 101 11 004《中国大唐集团有限公司联合循环发电厂技术监控规程》第7部分：继电保护及安全自动装置技术监督	按照检修计划	技术监督专工、专业专工	总工程师	
2	发电机同期装置定检	（1）装置硬件检查； （2）绝缘试验； （3）装置通电试验； （4）动作特性试验； （5）传动试验	检验项目齐全、各项指标满足要求、缺陷消除率达100%	Q/CDT 101 11 004《中国大唐集团有限公司联合循环发电厂技术监控规程》第7部分：继电保护及安全自动装置技术监督	按照检修计划	技术监督专工、专业专工	总工程师	
3	发电机故障录波器定检	（1）装置硬件检查； （2）绝缘试验； （3）装置通电试验	检验项目齐全、各项指标满足要求、缺陷消除率达100%	Q/CDT 101 11 004《中国大唐集团有限公司联合循环发电厂技术监控规程》第7部分：继电保护及安全自动装置技术监督	按照检修计划	技术监督专工、专业专工	总工程师	
4	6kV或10kV厂用IA、IB、IIA、IIB段快切装置定检	（1）装置硬件检查； （2）绝缘试验； （3）静态调试试验； （4）模拟量测量回路； （5）开入、开出检查； （6）传动试验	检验项目齐全、各项指标满足要求、缺陷消除率达100%	Q/CDT 101 11 004《中国大唐集团有限公司联合循环发电厂技术监控规程》第7部分：继电保护及安全自动装置技术监督	按照检修计划	技术监督专工、专业专工	总工程师	

续表

序号	监督项目	技术监督工作内容	达到目标	执行标准	完成时间	负责部门及负责人	监督检查人	执行人签名
5	6kV 或 10kV 电动机保护定检	（1）装置硬件检查； （2）绝缘试验； （3）装置通电试验； （4）模数量检查； （5）传动试验	检验项目齐全、各项指标满足要求、缺陷消除率达100%	Q/CDT 101 11 004《中国大唐集团有限公司联合循环发电厂技术监控规程》第 7 部分：继电保护及安全自动装置技术监督	按照检修计划	技术监督专工、专业专工	总工程师	
6	6kV 或 10kV 厂用变压器保护定检	（1）装置硬件检查； （2）绝缘试验； （3）装置通电试验； （4）模数量检查； （5）传动试验	检验项目齐全、各项指标满足要求、缺陷消除率达100%	Q/CDT 101 11 004《中国大唐集团有限公司联合循环发电厂技术监控规程》第 7 部分：继电保护及安全自动装置技术监督	按照检修计划	技术监督专工、专业专工	总工程师	
7	6kV 或 10kV 电源进线保护定检	（1）装置硬件检查； （2）绝缘试验； （3）装置通电试验； （4）模数量检查； （5）传动试验	检验项目齐全、各项指标满足要求、缺陷消除率达100%	Q/CDT 101 11 004《中国大唐集团有限公司联合循环发电厂技术监控规程》第 7 部分：继电保护及安全自动装置技术监督	按照检修计划	技术监督专工、专业专工	总工程师	
8	保安变压器保护定检	（1）装置硬件检查； （2）绝缘试验； （3）装置通电试验； （4）模数量检查； （5）传动试验	检验项目齐全、各项指标满足要求、缺陷消除率达100%	Q/CDT 101 11 004《中国大唐集团有限公司联合循环发电厂技术监控规程》第 7 部分：继电保护及安全自动装置技术监督	按照检修计划	技术监督专工、专业专工	总工程师	

续表

序号	监督项目	技术监督工作内容	达到目标	执行标准	完成时间	负责部门及负责人	监督检查人	执行人签名
9	线路保护定检	（1）装置硬件检查； （2）绝缘试验； （3）装置通电试验； （4）模数量检查； （5）模拟短路试验； （6）线路两侧联调	检验项目齐全、各项指标满足要求、缺陷消除率达100%	Q/CDT 101 11 004《中国大唐集团有限公司联合循环发电厂技术监控规程》第7部分：继电保护及安全自动装置技术监督	按照检修计划	技术监督专工、专业专工	总工程师	
10	母线保护定检	（1）装置硬件检查； （2）绝缘试验； （3）装置通电试验； （4）模数量检查； （5）模拟短路试验	检验项目齐全、各项指标满足要求、缺陷消除率达100%	Q/CDT 101 11 004《中国大唐集团有限公司联合循环发电厂技术监控规程》第7部分：继电保护及安全自动装置技术监督	按照检修计划	技术监督专工、专业专工	总工程师	
11	安全稳定装置检定	（1）装置硬件检查； （2）绝缘试验； （3）装置通电试验； （4）模数量检查； （5）模拟短路试验	检验项目齐全、各项指标满足要求、缺陷消除率达100%	Q/CDT 101 11 004《中国大唐集团有限公司联合循环发电厂技术监控规程》第7部分：继电保护及安全自动装置技术监督	按照检修计划	技术监督专工、专业专工	总工程师	

六、检修监督

序号	监督项目	技术监督工作内容	达到目标	执行标准	完成时间	负责部门及负责人	监督检查人	执行人签名
1	检修计划	根据检修等级、设备状况确定检修前试验摸底项目、检修项目、检修过程技术监督项目、检修质量验收计划、检修再鉴定与系统恢复试验计划及修后性能验收等计划内容，形成检修技术材料	计划项目完整、过程监督规范、检修质量达标	Q/CDT 101 11 004《中国大唐集团有限公司联合循环发电厂技术监控规程》第7部分：继电保护及安全自动装置技术监督	结合检修	技术监督专工、专业专工	总工程师	

续表

序号	监督项目	技术监督工作内容	达到目标	执行标准	完成时间	负责部门及负责人	监督检查人	执行人签名
2	检修总结	根据DL/T 838《燃煤火力发电企业设备检修导则》的技术要求，结合检修准备、实施与结果等情况进行检修总结，提出全面的检修总结报告	规范、准确，全面、完整	Q/CDT 101 11 004《中国大唐集团有限公司联合循环发电厂技术监控规程》第7部分：继电保护及安全自动装置技术监督	机组复役后30天内	技术监督专工、专业专工	总工程师	
3	电流、电压互感器检修	（1）检查电流、电压互感器的变比、容量、准确级等铭牌参数是否完整； （2）测试互感器各绕组的极性关系，核对铭牌上的极性标志是否正确，检查互感器各次绕组的连接方式及其极性关系是否正确、相别标识是否正确； （3）有条件时，自电流互感器一次分相通入电流，检查工作抽头及回路是否正确； （4）自电流互感器的二次端子箱处向负载端通入交流电流，测定回路压降，计算电流回路每相与中性线及相间阻抗	全面、完整完成检修内容	Q/CDT 101 11 004《中国大唐集团有限公司联合循环发电厂技术监控规程》第7部分：继电保护及安全自动装置技术监督； DL/T 995《继电保护和电网安全自动装置检验规程》	检修期	技术监督专工、专业专工	总工程师	
4	二次回路检修	（1）电流互感器二次回路检查：检查端子排及引线螺钉压接的可靠性；检查二次回路的接地点及接地情况。 （2）电压互感器二次回路检查：检查互感器二次绕组、三次绕组的所有二次回路接线正确性及端子排引线螺钉压接的可靠性；检查零相小母线（N600）连通的几组电压互感器二次回路，只应在一点将N600接地，且接地点不得有可能断开的熔断器或接触器等；检查电压互感器二次中性点引接的金属	全面、完整完成检修内容	Q/CDT 101 11 004《中国大唐集团有限公司联合循环发电厂技术监控规程》第7部分：继电保护及安全自动装置技术监督； DL/T 995《继电保护和电网安全自动装置检验规程》	检修期	技术监督专工、专业专工	总工程师	

续表

序号	监督项目	技术监督工作内容	达到目标	执行标准	完成时间	负责部门及负责人	监督检查人	执行人签名
4	二次回路检修	氧化锌避雷器是否正常；检查串联在电压回路中的熔断器、隔离开关及切换设备触点接触的可靠性；测量电压回路自互感器引出端子到用户端每相直流电阻。 （3）对二次回路的所有部件进行观察、清扫及必要的检修级调整。 （4）检查屏柜上的设备及端子排上的内部、外部连线的接线应正确，接触应牢靠，标号应完整准确。 （5）检查直流回路确实没有寄生回路存在	全面、完整完成检修内容	Q/CDT 101 11 004《中国大唐集团有限公司联合循环发电厂技术监控规程》第7部分：继电保护及安全自动装置技术监督； DL/T 995《继电保护和电网安全自动装置检验规程》	检修期	技术监督专工、专业专工	总工程师	

第八章 电能质量技术监督

一、基础管理工作

序号	监督项目	技术监督工作内容	达到目标	执行标准	完成时间	负责部门及负责人	监督检查人	执行人签名
1	规程制度	建立或修订专业管理规程、制度： （1）现行国家标准、行业标准、反事故措施及电能质量技术监督有关文件； （2）三级技术监督网络文件； （3）电能质量技术监督工作计划、报表、总结及动态检查报告； （4）所属电网的调度规程； （5）所属电网统调发电厂涉及电能质量管理与考核文件等	制度齐全、有效，并规范执行	Q/CDT 101 11 004《中国大唐集团有限公司联合循环发电厂技术监控规程》第 8 部分：电能质量技术监督	及时补充修订	技术监督专工、专业专工	总工程师	
2	技术资料、设备清册和台账	完善相关资料、台账： （1）励磁系统技术资料； （2）一次调频系统技术资料； （3）AGC 系统技术资料； （4）AVC 系统技术资料； （5）电能质量监测点所使用的电流互感器、电压互感器台账； （6）电能质量监测用仪器仪表台账；	技术资料、档案齐全，条目清晰	Q/CDT 101 11 004《中国大唐集团有限公司联合循环发电厂技术监控	及时滚动更新	技术监督专工、专业专工	总工程师	

续表

序号	监督项目	技术监督工作内容	达到目标	执行标准	完成时间	负责部门及负责人	监督检查人	执行人签名
2	技术资料、设备清册和台账	（7）AGC、AVC、PSS、AVR 装置定值参数清单； （8）变压器分接头管理台账	技术资料、档案齐全，条目清晰	规程》第 8 部分：电能质量技术监督	及时滚动更新	技术监督专工、专业专工	总工程师	
3	原始记录和试验报告	建立和完善相关原始记录及试验报告： （1）发电机进相试验报告； （2）一次调频试验报告； （3）励磁系统 PSS 试验报告； （4）AVC 系统试验报告； （5）AGC 系统试验报告； （6）电能质量定期监测报告或记录	记录、报告完整	Q/CDT 101 11 004《中国大唐集团有限公司联合循环发电厂技术监控规程》第 8 部分：电能质量技术监督	及时滚动更新	专业专工	技术监督专工	

二、日常管理工作

序号	监督项目	技术监督工作内容	达到目标	执行标准	完成时间	负责部门及负责人	监督检查人	执行人签名
1	监督体系	应建立健全总工程师、专业技术监督工程师、有关部门的专业或班组的专业技术人员组成的三级技术监督网，并明确岗位职责，做好日常的电能质量技术监督工作	网络完善，职责清晰	Q/CDT 101 11 004《中国大唐集团有限公司联合循环发电厂技术监控规程》第 8 部分：电能质量技术监督	每年	技术监督专工	总工程师	
2	年度计划	编制下年度监督工作计划，主要内容应包括： （1）规程、制度的制定及修订计划； （2）技术监督定期工作计划； （3）检修、技改期间应开展的技术监督项目计划； （4）技术监督发现问题整改计划；	内容全面、目标明确、流程细化	Q/CDT 101 11 004《中国大唐集团有限公司联合循环发电厂技术监控规程》第 8 部分：电能质量技术监督	每年 12 月 20 日前	技术监督专工	总工程师	

续表

序号	监督项目	技术监督工作内容	达到目标	执行标准	完成时间	负责部门及负责人	监督检查人	执行人签名
2	年度计划	（5）专业设备及仪器仪表的检验、检定计划； （6）人员培训计划（主要包括内部培训、外部培训取证，规程宣贯）	内容全面、目标明确、流程细化	Q/CDT 101 11 004《中国大唐集团有限公司联合循环发电厂技术监控规程》第 8 部分：电能质量技术监督	每年12月20日前	技术监督专工	总工程师	
3	年度总结	主要内容包括： （1）监督指标完成情况； （2）完成的重点工作； （3）成绩和不足； （4）下一年度重点工作安排	总结及时、完整	《中国大唐集团有限公司发电企业技术监控管理办法》； Q/CDT 101 11 004《中国大唐集团有限公司联合循环发电厂技术监控规程》第 8 部分：电能质量技术监督	每年 1 月10日前	技术监督专工、专业专工	总工程师	
4	月度总结与计划	对照月度工作计划，对实际工作开展情况进行检查，分析本月监督指标、存在问题；依据年度工作计划、检修计划和问题整改计划等内容，制订合理的下月工作计划	总结全面、深刻，计划完整、具体	Q/CDT 101 11 004《中国大唐集团有限公司联合循环发电厂技术监控规程》第 8 部分：电能质量技术监督	每月底	技术监督专工、专业专工	总工程师	
5	月度报表	按照集团公司技术监督月度报表要求进行填报，并及时报送至科研院	数据准确、内容完整、格式正确	Q/CDT 101 11 004《中国大唐集团有限公司联合循环发电厂技术监控规程》第 8 部分：电能质量技术监督	每月10日前	技术监督专工、专业专工	总工程师	

三、专业管理工作

序号	监督项目	技术监督工作内容	达到目标	执行标准	完成时间	负责部门及负责人	监督检查人	执行人签名
1	专业会管理	每年至少召开一次电能质量技术监督专业会（可与月度技术监督专题会合开），总结技术监督工作，对技术监督中出现的问题提出处理意见和防范措施	按期执行、规范有效	《中国大唐集团有限公司发电企业技术监控管理办法》； Q/CDT 101 11 004《中国大唐集团有限公司联合循环发电厂技术监控规程》第 8 部分：电能质量技术监督	每年	技术监督专工	总工程师	
2	动态检查	按要求开展技术监督动态检查的专业自查，并形成自查报告，认真配合科研院现场检查	规范自查、认真配合、提高水平	Q/CDT 101 11 004《中国大唐集团有限公司联合循环发电厂技术监控规程》第 8 部分：电能质量技术监督	上、下半年	技术监督专工、专业专工	总工程师	
3	机组技术改造或设备异动	按计划开展机组技术改造或进行专业设备异动，进行全过程技术监督，保证技改或异动达到预计效果，及时补充、更新相关系统设备台账资料，修订相关系统设备的运行、检修规程等	达到预期目标	Q/CDT 101 11 004《中国大唐集团有限公司联合循环发电厂技术监控规程》第 8 部分：电能质量技术监督	按计划时间	技术监督专工、专业专工	总工程师	
4	技术培训、取证、复证考试，学术交流及技术研讨	按计划开展企业内部技术培训，及时参加科研院、集团公司、行业组织的各项培训取证和学术交流及技术研讨活动	提高专业技术水平	《中国大唐集团有限公司发电企业技术监控管理办法》； Q/CDT 101 11 004《中国大唐集团有限公司联合循环发电厂技术监控规程》第 8 部分：电能质量技术监督	按计划	技术监督专工、专业专工	总工程师	

续表

序号	监督项目	技术监督工作内容	达到目标	执行标准	完成时间	负责部门及负责人	监督检查人	执行人签名
5	异常情况	对专业异常、事故情况进行分析处理，形成分析报告或纪要，留存档案，对照整改，主要事件及其处理情况列入月度报表上报	分析准确、措施得当、处理有效	Q/CDT 101 11 004《中国大唐集团有限公司联合循环发电厂技术监控规程》第 8 部分：电能质量技术监督	每月底	技术监督专工、专业专工	总工程师	
6	缺陷处理	对专业缺陷及时进行处理、分析总结，编写处理分析报告	分析规律，查找根源，制订措施，降低发生率	Q/CDT 101 11 004《中国大唐集团有限公司联合循环发电厂技术监控规程》第 8 部分：电能质量技术监督	每月底	专业专工	技术监督专工	
7	监督预警	跟踪科研院下发的技术监督预警的整改完成情况，及时反馈预警通知回执单	按期完成预警整改	Q/CDT 101 11 004《中国大唐集团有限公司联合循环发电厂技术监控规程》第 8 部分：电能质量技术监督	每月	技术监督专工、专业专工	总工程师	
8	专项排查	跟踪科研院下发的技术监督专项排查通知的完成情况，及时反馈排查情况报告	按期完成排查与报告	Q/CDT 101 11 004《中国大唐集团有限公司联合循环发电厂技术监控规程》第 8 部分：电能质量技术监督	每月	技术监督专工、专业专工	总工程师	
9	技术监督发现问题的管理与闭环	每月核对技术监督发现的问题（包括企业自查发现的问题，科研院发出的监督预警、专项排查、动态检查发现的问题等）整改情况，并在信息管理系统录入针对问题采取的整改措施和完成情况	更新及时，整改完成或整改方案制订及时、完整	Q/CDT 101 11 004《中国大唐集团有限公司联合循环发电厂技术监控规程》第 8 部分：电能质量技术监督	每月	技术监督专工、专业专工	总工程师	

四、指标管理

序号	监督项目	技术监督工作内容	达到目标	执行标准	完成时间	负责部门及负责人	监督检查人	执行人签名
1	AVC 投入率	现场巡视与运行人员发现相结合，做好监督、考核	AVC 装置投入率及调节合格率应满足本地电网要求，设备状态良好	Q/CDT 101 11 004《中国大唐集团有限公司联合循环发电厂技术监控规程》第 8 部分：电能质量技术监督	每月 10 日前	专业专工	总工程师	
2	AVR 投入率	现场巡视与运行人员发现相结合，做好监督、考核	励磁系统 AVR 投入率不低于 99%	Q/CDT 101 11 004《中国大唐集团有限公司联合循环发电厂技术监控规程》第 8 部分：电能质量技术监督	每月 10 日前	专业专工	总工程师	
3	发电厂考核母线电压合格率	现场巡视与运行人员发现相结合，做好监督、考核	发电厂考核母线电压合格率大于或等于 98%	Q/CDT 101 11 004《中国大唐集团有限公司联合循环发电厂技术监控规程》第 8 部分：电能质量技术监督	每月 10 日前	专业专工	总工程师	

五、试验与检验

序号	监督项目	技术监督工作内容	达到目标	执行标准	完成时间	负责部门及负责人	监督检查人	执行人签名
1	电压偏差	电压监测统计内容为月、季、年度电压合格率及电压超允许偏差上、下限值的累积时间。电压统计时间以“分”为单位，计算电压质量合格率	满足GB/T 12325《电能质量 供电电压偏差》的要求	Q/CDT 101 11 004《中国大唐集团有限公司联合循环发电厂技术监控规程》第 8 部分：电能质量技术监督	每月 10 日前	专业专工	技术监督专工	

续表

序号	监督项目	技术监督工作内容	达到目标	执行标准	完成时间	负责部门及负责人	监督检查人	执行人签名
2	频率偏差	频率监测统计内容为月、季、年度频率合格率及频率超允许偏差上、下限值的累积时间。频率统计时间以“秒”为单位，计算频率质量合格率	满足GB/T 15945《电能质量　电力系统频率偏差》要求	Q/CDT 101 11 004《中国大唐集团有限公司联合循环发电厂技术监控规程》第8部分：电能质量技术监督	每月10日前	专业专工	技术监督专工	
3	谐波含量	厂用电系统母线谐波电压进行测量并记录	满足GB/T 14549《电能质量　公用电网谐波》要求	Q/CDT 101 11 004《中国大唐集团有限公司联合循环发电厂技术监控规程》第8部分：电能质量技术监督	必要时	专业专工	技术监督专工	

六、检修监督

序号	监督项目	技术监督工作内容	达到目标	执行标准	完成时间	负责部门及负责人	监督检查人	执行人签名
1	检修计划	根据检修等级、设备状况确定检修前试验摸底项目、检修项目、检修过程技术监督项目、检修质量验收计划、检修再鉴定与系统恢复试验计划及修后性能验收等计划内容，形成检修技术材料	计划项目完整、过程监督规范、检修质量达标	Q/CDT 101 11 004《中国大唐集团有限公司联合循环发电厂技术监控规程》第8部分：电能质量技术监督	结合检修	技术监督专工、专业专工	总工程师	
2	检修总结	根据DL/T 838《燃煤火力发电企业设备检修导则》的技术要求，结合检修准备、实施与结果等情况进行检修总结，提出全面的检修总结报告	规范、准确，全面、完整	DL/T 838《燃煤火力发电企业设备检修导则》；Q/CDT 101 11 004《中国大唐集团有限公司联合循环发电厂技术监控规程》第8部分：电能质量技术监督	机组复役后30天内	技术监督专工、专业专工	总工程师	

第九章

电测技术监督

一、基础管理工作

序号	监督项目	技术监督工作内容	达到目标	执行标准	完成时间	负责部门及负责人	监督检查人	执行人签名
1	规程制度	建立或修订专业管理规程、制度： （1）电测技术监督规程； （2）计量技术管理规程； （3）关口电能计量装置管理规定； （4）交流采样测量装置管理规定（如果适用）； （5）仪器仪表送检及周期检定管理规定； （6）仪器仪表委托检定管理规定	制度齐全、有效，并规范执行	Q/CDT 101 11 004《中国大唐集团有限公司联合循环发电厂技术监控规程》第9部分：电测技术监督	及时补充修订	技术监督专工、专业专工	总工程师	
2	技术资料、设备清册和台账	完善相关资料、台账： （1）电测仪器仪表及贸易结算用电能计量装置设备台账（名称、型号、规格、安装位置、准确度等级、编号、厂家、检定时间、检定周期等）； （2）贸易结算用电能计量装置历次误差测试数据统计台账（安装位置、准确度等级、误差、测试时间）； （3）电测仪器、仪表送检计划及电测仪表周检计划；	技术资料、档案齐全，条目清晰	Q/CDT 101 11 004《中国大唐集团有限公司联合循环发电厂技术监控规程》第9部分：电测技术监督	及时滚动更新	技术监督专工、专业专工	总工程师	

续表

序号	监督项目	技术监督工作内容	达到目标	执行标准	完成时间	负责部门及负责人	监督检查人	执行人签名
2	技术资料、设备清册和台账	（4）完工总结报告和后评估报告； （5）与电测技术监督有关的国家法律、法规及国家、行业、集团公司标准、规范、规程、制度；电测技术监督规程、规定、措施等； （6）电测技术监督年度工作计划和总结； （7）电测技术监督月报； （8）电测技术监督预警通知单和验收单； （9）电测技术监督会议纪要； （10）电测技术监督工作自查报告和外部技术监督动态检查报告； （11）电测技术监督人员技术档案； （12）与电测设备质量有关的重要工作来往文件	技术资料、档案齐全，条目清晰	Q/CDT 101 11 004《中国大唐集团有限公司联合循环发电厂技术监控规程》第 9 部分：电测技术监督	及时滚动更新	技术监督专工、专业专工	总工程师	
3	原始记录和试验报告	建立和完善相关原始记录及试验报告： （1）关口电能表检定报告和现场检验报告； （2）计量用电压、电流互感器误差测试报告； （3）计量用电压互感器二次回路压降测试报告； （4）电测仪表（现场安装式指示仪表、数字表、变送器、交流采样测控装置、厂用电能表、全厂试验用仪表等）检验报告（原始记录）； （5）计量标准文件集； （6）电测仪器仪表检验率、调前合格率统计记录	记录、报告完整	Q/CDT 101 11 004《中国大唐集团有限公司联合循环发电厂技术监控规程》第 9 部分：电测技术监督	及时滚动更新	专业专工	技术监督专工	

二、日常管理工作

序号	监督项目	技术监督工作内容	达到目标	执行标准	完成时间	负责部门及负责人	监督检查人	执行人签名
1	监督体系	应建立健全总工程师、专业技术监督工程师、有关部门的专业或班组的专业技术人员组成的三级技术监督网，并明确岗位职责，做好日常的电测技术监督工作	网络完善，职责清晰	Q/CDT 101 11 004《中国大唐集团有限公司联合循环发电厂技术监控规程》第 9 部分：电测技术监督	每年	技术监督专工	总工程师	
2	年度计划	编制下年度监督工作计划，主要内容应包括： （1）规程、制度的制定及修订计划； （2）技术监督定期工作计划； （3）检修、技改期间应开展的技术监督项目计划； （4）技术监督发现问题整改计划； （5）专业设备及仪器仪表的检验、检定计划； （6）人员培训计划（主要包括内部培训、外部培训取证，规程宣贯）	内容全面、目标明确、流程细化	Q/CDT 101 11 004《中国大唐集团有限公司联合循环发电厂技术监控规程》第 9 部分：电测技术监督	每年12月20日前	技术监督专工	总工程师	
3	年度总结	主要内容包括： （1）监督指标完成情况； （2）完成的重点工作； （3）成绩和不足； （4）下一年度重点工作安排	总结及时、完整	《中国大唐集团有限公司发电企业技术监控管理办法》； Q/CDT 101 11 004《中国大唐集团有限公司联合循环发电厂技术监控规程》第 9 部分：电测技术监督	每年 1 月 10 日前	技术监督专工、专业专工	总工程师	

续表

序号	监督项目	技术监督工作内容	达到目标	执行标准	完成时间	负责部门及负责人	监督检查人	执行人签名
4	月度总结与计划	对照月度工作计划，对实际工作开展情况进行检查，分析本月监督指标、存在问题；依据年度工作计划、检修计划和问题整改计划等内容，制订合理的下月工作计划	总结全面、深刻，计划完整、具体	Q/CDT 101 11 004《中国大唐集团有限公司联合循环发电厂技术监控规程》第 9 部分：电测技术监督	每月底	技术监督专工、专业专工	总工程师	
5	月度报表	按照集团公司技术监督月度报表要求进行填报，并及时报送至科研院	数据准确、内容完整、格式正确	Q/CDT 101 11 004《中国大唐集团有限公司联合循环发电厂技术监控规程》第 9 部分：电测技术监督	每月10日前	技术监督专工、专业专工	总工程师	

三、专业管理工作

序号	监督项目	技术监督工作内容	达到目标	执行标准	完成时间	负责部门及负责人	监督检查人	执行人签名
1	专业会管理	每年至少召开一次电测技术监督专业会（可与月度技术监督专题会合开），总结技术监督工作，对技术监督中出现的问题提出处理意见和防范措施	按期执行、规范有效	《中国大唐集团有限公司发电企业技术监控管理办法》；Q/CDT 101 11 004《中国大唐集团有限公司联合循环发电厂技术监控规程》第 9 部分：电测技术监督	每年	技术监督专工	总工程师	
2	动态检查	按要求开展技术监督动态检查的专业自查，并形成自查报告，认真配合科研院现场检查	规范自查、认真配合、提高水平	Q/CDT 101 11 004《中国大唐集团有限公司联合循环发电厂技术监控规程》第 9 部分：电测技术监督	上、下半年	技术监督专工、专业专工	总工程师	

续表

序号	监督项目	技术监督工作内容	达到目标	执行标准	完成时间	负责部门及负责人	监督检查人	执行人签名
3	机组技术改造或设备异动	按计划开展机组技术改造或进行专业设备异动，进行全过程技术监督，保证技改或异动达到预计效果，及时补充、更新相关系统设备台账资料，修订相关系统设备的运行、检修规程等	达到预期目标	Q/CDT 101 11 004《中国大唐集团有限公司联合循环发电厂技术监控规程》第 9 部分：电测技术监督	按计划时间	技术监督专工、专业专工	总工程师	
4	技术培训、取证、复证考试，学术交流及技术研讨	按计划开展企业内部技术培训，及时参加科研院、集团公司、行业组织的各项培训取证和学术交流及技术研讨活动	提高专业技术水平	《中国大唐集团有限公司发电企业技术监控管理办法》； Q/CDT 101 11 004《中国大唐集团有限公司联合循环发电厂技术监控规程》第 9 部分：电测技术监督	按计划	技术监督专工、专业专工	总工程师	
5	异常情况	对专业异常、事故情况进行分析处理，形成分析报告或纪要，留存档案，对照整改，主要事件及其处理情况列入月度报表上报	分析准确、措施得当、处理有效	Q/CDT 101 11 004《中国大唐集团有限公司联合循环发电厂技术监控规程》第 9 部分：电测技术监督	每月底	技术监督专工、专业专工	总工程师	
6	缺陷处理	对专业缺陷及时进行处理、分析总结，编写处理分析报告	分析规律，查找根源，制订措施，降低发生率	Q/CDT 101 11 004《中国大唐集团有限公司联合循环发电厂技术监控规程》第 9 部分：电测技术监督	每月底	专业专工	技术监督专工	

续表

序号	监督项目	技术监督工作内容	达到目标	执行标准	完成时间	负责部门及负责人	监督检查人	执行人签名
7	监督预警	跟踪科研院下发的技术监督预警的整改完成情况，及时反馈预警通知回执单	按期完成预警整改	Q/CDT 101 11 004《中国大唐集团有限公司联合循环发电厂技术监控规程》第9部分：电测技术监督	每月	技术监督专工、专业专工	总工程师	
8	专项排查	跟踪科研院下发的技术监督专项排查通知的完成情况，及时反馈排查情况报告	按期完成排查与报告	Q/CDT 101 11 004《中国大唐集团有限公司联合循环发电厂技术监控规程》第9部分：电测技术监督	每月	技术监督专工、专业专工	总工程师	
9	技术监督发现问题的管理与闭环	每月核对技术监督发现的问题（包括企业自查发现的问题，科研院发出的监督预警、专项排查、动态检查发现的问题等）整改情况，并在信息管理系统录入针对问题采取的整改措施和完成情况	更新及时，整改完成或整改方案制订及时、完整	Q/CDT 101 11 004《中国大唐集团有限公司联合循环发电厂技术监控规程》第9部分：电测技术监督	每月	技术监督专工、专业专工	总工程师	
10	电测标准实验室管理	按要求对电测计量标准装置按期送检，定期维护，确保电测计量标准在考核有效期内，电测标准实验室环境条件符合要求且定期连续监测，计量检定人员持证率满足要求	标准装置准确可靠，环境条件符合要求，持证人员数量满足要求且稳定	Q/CDT 101 11 004《中国大唐集团有限公司联合循环发电厂技术监控规程》第9部分：电测技术监督	按计划	技术监督专工、专业专工	总工程师	

四、指标管理

序号	监督项目	技术监督工作内容	达到目标	执行标准	完成时间	负责部门及负责人	监督检查人	执行人签名
1	仪器仪表检验率	严格按照检定计划执行，做到不漏检。包括电能计量装置、电测量变送器、交流采样测量装置、电测量模拟指示仪表（交直流电流表、电压表、功率表）、模拟式万用表、安装式数字显示电测量仪表、数字多用表、绝缘电阻表、电子式绝缘电阻表、接地电阻表、钳形电流表及其他常用电测仪表	检验率 100%	Q/CDT 101 11 004《中国大唐集团有限公司联合循环发电厂技术监控规程》第 9 部分：电测技术监督	按周期	专业专工	技术监督专工	
2	实验室电测计量标准装置检验率	严格按照检定计划送检	检验率 100%	Q/CDT 101 11 004《中国大唐集团有限公司联合循环发电厂技术监控规程》第 9 部分：电测技术监督	按周期	专业专工	技术监督专工	
3	计量人员持证上岗率	持证上岗，每个检定/校准项目应配备至少 2 名持有本项目“计量检定员证”的人员，计量检定人员应保持相对稳定	上岗率 100%	Q/CDT 101 11 004《中国大唐集团有限公司联合循环发电厂技术监控规程》第 9 部分：电测技术监督	按周期	专业专工	技术监督专工	

五、试验与检验

序号	监督项目	技术监督工作内容	达到目标	执行标准	完成时间	负责部门及负责人	监督检查人	执行人签名
1	发电机-变压器组电测计量仪表检验	（1）发电机、主变压器、启动备用变压器、厂用变压器、厂用电系统电能计量装置（电压互感器、电流互感器及电能表）检验；	合格率 100%	Q/CDT 101 11 004《中国大唐集团有限公司联合循环发电厂技术监控	按周期	专业专工	技术监督专工	

续表

序号	监督项目	技术监督工作内容	达到目标	执行标准	完成时间	负责部门及负责人	监督检查人	执行人签名
1	发电机-变压器组电测计量仪表检验	（2）发电机、主变压器、启动备用变压器、厂用变压器、励磁系统、厂用电系统模拟指示仪表、数字显示仪表检验； （3）发电机、主变压器、启动备用变压器、厂用变压器、励磁系统、厂用电系统有功、无功、频率、功率因数变送器检定	合格率100%	规程》第9部分：电测技术监督； JJG 124《电流表、电压表、功率表及电阻表》； JJG 126《交流电量变换为直流电量电工测量变送器》； JJG 596《电子式交流电能表》； JJG 603《频率表》； JJG 622《绝缘电阻表（兆欧表）》； JJG 1021《电力互感器》； JJF 1075《钳形电流表校准规范》； DL/T 1473《电测量指示仪表检定规程》	按周期	专业专工	技术监督专工	
2	升压站电测计量仪表检验	升压站母线、线路电能计量装置（电压互感器、电流互感器及电能表）检验： （1）升压站母线、线路模拟指示仪表、数字显示仪表检验； （2）升压站母线、线路有功、无功、频率、功率因数变送器检定； （3）升压站母线、线路交流采样测量装置检验	合格率100%	Q/CDT 101 11 004《中国大唐集团有限公司联合循环发电厂技术监控规程》第9部分：电测技术监督； JJG 124《电流表、电压表、功率表及电阻表》； JJG 126《交流电量变换为直流电量电工测量变送器》；	按周期	专业专工	技术监督专工	

续表

序号	监督项目	技术监督工作内容	达到目标	执行标准	完成时间	负责部门及负责人	监督检查人	执行人签名
2	升压站电测计量仪表检验	升压站母线、线路电能计量装置（电压互感器、电流互感器及电能表）检验： （1）升压站母线、线路模拟指示仪表、数字显示仪表检验； （2）升压站母线、线路有功、无功、频率、功率因数变送器检定； （3）升压站母线、线路交流采样测量装置检验	合格率 100%	JJG 596《电子式交流电能表》； JJG 603《频率表》； JJG 622《绝缘电阻表（兆欧表）》； JJG 1021《电力互感器》； JJF 1075《钳形电流表校准规范》； DL/T 1473《电测量指示仪表检定规程》； DL/T 630《交流采样远动终端技术条件》	按周期	专业专工	技术监督专工	
3	关口电能计量装置检验	关口电能表、电压互感器、电流互感器及相关回路检验	合格率 100%	Q/CDT 101 11 004《中国大唐集团有限公司联合循环发电厂技术监控规程》第 9 部分：电测技术监督； DL/T 1664《电能计量装置现场检验规程》	按周期	专业专工	技术监督专工	
4	实验室电测计量标准装置检验	计量标准器及主要配套设备应进行有效溯源，并取得有效检定或校准证书	合格率 100%	Q/CDT 101 11 004《中国大唐集团有限公司联合循环发电厂技术监控规程》第 9 部分：电测技术监督	按周期	专业专工	技术监督专工	

六、检修监督

序号	监督项目	技术监督工作内容	达到目标	执行标准	完成时间	负责部门及负责人	监督检查人	执行人签名
1	检修计划	根据检修等级、设备状况确定检修前试验摸底项目、检修项目、检修过程技术监督项目、检修质量验收计划、检修再鉴定与系统恢复试验计划及修后性能验收等计划内容，形成检修技术材料	计划项目完整、过程监督规范、检修质量达标	Q/CDT 101 11 004《中国大唐集团有限公司联合循环发电厂技术监控规程》第9部分：电测技术监督	结合检修	技术监督专工、专业专工	总工程师	
2	检修总结	根据DL/T 838《燃煤火力发电企业设备检修导则》的技术要求，结合检修准备、实施与结果等情况进行检修总结，提出全面的检修总结报告	规范、准确，全面、完整	DL/T 838《燃煤火力发电企业设备检修导则》；Q/CDT 101 11 004《中国大唐集团有限公司联合循环发电厂技术监控规程》第9部分：电测技术监督	机组复役后30天内	技术监督专工、专业专工	总工程师	

第十章

工控网络信息安全防护技术监督

一、基础管理工作

序号	监督项目	技术监督工作内容	达到目标	执行标准	完成时间	负责部门及负责人	监督检查人	执行人签名
1	规程制度	建立或修订专业管理规程、制度： （1）工控系统网络安全设备检修、运行、维护规程； （2）技术资料管理制度（包括图纸、资料、软件的存放、修改、使用、版本更新等）； （3）工控系统定值、软件修改管理制度； （4）工控系统设备缺陷统计管理制度； （5）现场巡回检查制度和清洁制度； （6）工控系统信息安全管理制度实施细则； （7）工控系统信息安全管理告警制度； （8）工控系统软件、数据库定期备份制度； （9）工控系统等级保护所规定的相关规章制度	制度齐全、有效，并规范执行	Q/CDT 101 11 004《中国大唐集团有限公司联合循环发电厂技术监控规程》第11部分：工控网络信息安全防护技术监督	及时补充修订	技术监督专工、专业专工	总工程师	
2	技术资料、设备清册和台账	完善相关资料、台账： （1）技术方案和防护措施； （2）技术图纸、资料、说明书； （3）质量监督和验收报告；	技术资料、档案齐全，条目清晰	Q/CDT 101 11 004《中国大唐集团有限公司联合循环发电厂技术监控规程》第11部分：工控	及时滚动更新	技术监督专工、专业专工	总工程师	

续表

序号	监督项目	技术监督工作内容	达到目标	执行标准	完成时间	负责部门及负责人	监督检查人	执行人签名
2	技术资料、设备清册和台账	（4）竣工报告和后评估报告； （5）网络拓扑图； （6）工控系统台账资料	技术资料、档案齐全，条目清晰	网络信息安全防护技术监督	及时滚动更新	技术监督专工、专业专工	总工程师	
3	原始记录和试验报告	建立和完善相关原始记录及试验报告： （1）工控系统压力测试报告； （2）工控系统性能测试报告； （3）工控系统第三方安全测试报告； （4）工控系统等级保护测评报告	记录、报告完整	Q/CDT 101 11 004《中国大唐集团有限公司联合循环发电厂技术监控规程》第11部分：工控网络信息安全防护技术监督	及时滚动更新	专业专工	技术监督专工	

二、日常管理工作

序号	监督项目	技术监督工作内容	达到目标	执行标准	完成时间	负责部门及负责人	监督检查人	执行人签名
1	监督体系	应建立健全总工程师、专业技术监督工程师、有关部门的专业或班组的专业技术人员组成的三级技术监督网，并明确岗位职责，做好日常的工控网络信息安全防护技术监督工作	网络完善，职责清晰	Q/CDT 101 11 004《中国大唐集团有限公司联合循环发电厂技术监控规程》第11部分：工控网络信息安全防护技术监督	每年	技术监督专工	总工程师	
2	年度计划	编制下年度监督工作计划，主要内容应包括： （1）规程、制度的制定及修订计划； （2）技术监督定期工作计划； （3）检修、技改期间应开展的技术监督项目计划；	内容全面、目标明确、流程细化	Q/CDT 101 11 004《中国大唐集团有限公司联合循环发电厂技术监控规程》第11部分：工控网络信息安全防护技术监督	每年12月20日前	技术监督专工	总工程师	

续表

序号	监督项目	技术监督工作内容	达到目标	执行标准	完成时间	负责部门及负责人	监督检查人	执行人签名
2	年度计划	（4）技术监督发现问题整改计划； （5）专业设备及仪器仪表的检验、检定计划； （6）人员培训计划（主要包括内部培训、外部培训取证，规程宣贯）	内容全面、目标明确、流程细化	Q/CDT 101 11 004《中国大唐集团有限公司联合循环发电厂技术监控规程》第11部分：工控网络信息安全防护技术监督	每年12月20日前	技术监督专工	总工程师	
3	年度总结	主要内容包括： （1）监督指标完成情况； （2）完成的重点工作； （3）成绩和不足； （4）下一年度重点工作安排	总结及时、完整	Q/CDT 101 11 004《中国大唐集团有限公司联合循环发电厂技术监控规程》第11部分：工控网络信息安全防护技术监督	每年1月10日前	技术监督专工、专业专工	总工程师	
4	月度总结与计划	对照月度工作计划，对实际工作开展情况进行检查，分析本月监督指标、存在问题；依据年度工作计划、检修计划和问题整改计划等内容，制订合理的下月工作计划	总结全面、深刻，计划完整、具体	Q/CDT 101 11 004《中国大唐集团有限公司联合循环发电厂技术监控规程》第11部分：工控网络信息安全防护技术监督	每月底	技术监督专工、专业专工	总工程师	
5	月度报表	按照集团公司技术监督月度报表要求进行填报，并及时报送至科研院	数据准确、内容完整、格式正确	Q/CDT 101 11 004《中国大唐集团有限公司联合循环发电厂技术监控规程》第11部分：工控网络信息安全防护技术监督	每月10日前	技术监督专工、专业专工	总工程师	

三、专业管理工作

序号	监督项目	技术监督工作内容	达到目标	执行标准	完成时间	负责部门及负责人	监督检查人	执行人签名
1	专业会管理	每年至少召开一次工控网络信息安全防护技术监督专业会（可与月度技术监督专题会合开），总结技术监督工作，对技术监督中出现的问题提出处理意见和防范措施	按期执行、规范有效	Q/CDT 101 11 004《中国大唐集团有限公司联合循环发电厂技术监控规程》第 11 部分：工控网络信息安全防护技术监督	每年	技术监督专工	总工程师	
2	动态检查	按要求开展技术监督动态检查的专业自查，并形成自查报告，认真配合科研院现场检查	规范自查、认真配合、提高水平	Q/CDT 101 11 004《中国大唐集团有限公司联合循环发电厂技术监控规程》第 11 部分：工控网络信息安全防护技术监督	上、下半年	技术监督专工、专业专工	总工程师	
3	技术改造或设备异动	按计划开展技术改造或进行专业设备异动，进行全过程技术监督，保证技改或异动达到预计效果，及时补充、更新相关系统设备台账资料等	达到预期目标	Q/CDT 101 11 004《中国大唐集团有限公司联合循环发电厂技术监控规程》第 11 部分：工控网络信息安全防护技术监督	按计划时间	技术监督专工、专业专工	总工程师	
4	技术培训、取证、复证考试，学术交流及技术研讨	按计划开展企业内部技术培训，及时参加科研院、集团公司、行业组织的各项培训取证和学术交流及技术研讨活动	提高专业技术水平	Q/CDT 101 11 004《中国大唐集团有限公司联合循环发电厂技术监控规程》第 11 部分：工控网络信息安全防护技术监督	按计划	技术监督专工、专业专工	总工程师	

续表

序号	监督项目	技术监督工作内容	达到目标	执行标准	完成时间	负责部门及负责人	监督检查人	执行人签名
5	异常情况	对专业异常、事故情况进行分析处理，形成分析报告或纪要，留存档案，对照整改，主要事件及其处理情况列入月度报表上报	分析准确、措施得当、处理有效	Q/CDT 101 11 004《中国大唐集团有限公司联合循环发电厂技术监控规程》第 11 部分：工控网络信息安全防护技术监督	每月底	技术监督专工、专业专工	总工程师	
6	缺陷处理	对专业缺陷及时进行处理、分析总结，编写处理分析报告	分析规律，查找根源，制订措施，降低发生率	Q/CDT 101 11 004《中国大唐集团有限公司联合循环发电厂技术监控规程》第 11 部分：工控网络信息安全防护技术监督	每月底	专业专工	技术监督专工	
7	监督预警	跟踪科研院下发的技术监督预警的整改完成情况，及时反馈预警通知回执单	按期完成预警整改	Q/CDT 101 11 004《中国大唐集团有限公司联合循环发电厂技术监控规程》第 11 部分：工控网络信息安全防护技术监督	每月	技术监督专工、专业专工	总工程师	
8	专项排查	跟踪科研院下发的技术监督专项排查通知的完成情况，及时反馈排查情况报告	按期完成排查与报告	Q/CDT 101 11 004《中国大唐集团有限公司联合循环发电厂技术监控规程》第 11 部分：工控网络信息安全防护技术监督	每月	技术监督专工、专业专工	总工程师	

续表

序号	监督项目	技术监督工作内容	达到目标	执行标准	完成时间	负责部门及负责人	监督检查人	执行人签名
9	技术监督发现问题的管理与闭环	每月核对技术监督发现的问题（包括企业自查发现的问题，科研院发出的监督预警、专项排查、动态检查发现的问题等）整改情况，并在信息管理系统录入针对问题采取的整改措施和完成情况	更新及时，整改完成或整改方案制订及时、完整	Q/CDT 101 11 004《中国大唐集团有限公司联合循环发电厂技术监控规程》第11部分：工控网络信息安全防护技术监督	每月	技术监督专工、专业专工	总工程师	

四、指标管理

序号	监督项目	技术监督工作内容	达到目标	执行标准	完成时间	负责部门及负责人	监督检查人	执行人签名
1	等级保护测评完成率	对定级为三级的系统，每年应做一次等级保护测评和风险评估，系统在升级改造后需重新备案和测评；对定级为二级的系统，每两年应做一次等级保护测评和风险评估	等级保护测评完成率达到100%，报告符合国家及行业相关要求	Q/CDT 101 11 004《中国大唐集团有限公司联合循环发电厂技术监控规程》第11部分：工控网络信息安全防护技术监督	每月	技术监督专工、专业专工	总工程师	
2	网络安全设备完好率	发现缺陷及时处理	网络安全设备完好率达到100%	Q/CDT 101 11 004《中国大唐集团有限公司联合循环发电厂技术监控规程》第11部分：工控网络信息安全防护技术监督	每月	技术监督专工、专业专工	总工程师	
3	闲置外部端口关闭合格率	发现缺陷及时处理	闲置外部端口关闭合格率达到100%	Q/CDT 101 11 004《中国大唐集团有限公司联合循环发电厂技术监控规程》第11部分：工控网络信息安全防护技术监督	每月	技术监督专工、专业专工	总工程师	

五、试验与检验

序号	监督项目	技术监督工作内容	达到目标	执行标准	完成时间	负责部门及负责人	监督检查人	执行人签名
1	等级保护测评	按照国家、行业和集团公司相关要求，配合开展工控系统等级保护测评的实施。对定级为三级的系统，每年应做一次等级保护测评和风险评估，系统在升级改造后需重新备案和测评；对定级为二级的系统，每两年应做一次等级保护测评和风险评估	报告符合国家及行业相关要求	依据的国家及行业相关规程标准	按计划实施	技术监督专工、专业专工	技术监督专工	
2	风险评估	按照国家、行业和集团公司相关要求，配合开展工控系统风险评估的实施。对定级为三级的系统，每年应做一次等级保护测评和风险评估，系统在升级改造后需重新备案和测评；对定级为二级的系统，每两年应做一次等级保护测评和风险评估	报告符合国家及行业相关要求	依据的国家及行业相关规程标准	按计划实施	技术监督专工、专业专工	技术监督专工	

六、检修监督

序号	监督项目	技术监督工作内容	达到目标	执行标准	完成时间	负责部门及负责人	监督检查人	执行人签名
1	网络安全及信息化改造	根据国家法律法规、行业和集团公司相关要求，完成工控系统网络安全及信息化改造： （1）制订改造计划； （2）编制改造方案； （3）总结改造经验； （4）编制完工报告	达到预期目标	Q/CDT 101 11 004《中国大唐集团有限公司联合循环发电厂技术监控规程》第 11 部分：工控网络信息安全防护技术监督	按照计划实施	技术监督专工	总工程师	

第十一章 汽轮机技术监督

一、基础管理工作

序号	监督项目	技术监督工作内容	达到目标	执行标准	完成时间	负责部门及负责人	监督检查人	执行人签名
1	规程制度	建立或修订专业管理规程、制度： (1)汽轮机技术监督规程(包括执行标准、工作要求)； (2)汽轮机运行规程、检修规程、系统图； (3)设备定期试验与轮换管理标准； (4)设备巡回检查管理标准； (5)设备检修管理标准； (6)设备缺陷管理标准； (7)设备点检定修管理标准； (8)设备异动管理标准； (9)设备停用、退役管理标准	制度齐全、有效，并规范执行	Q/CDT 101 11 004《中国大唐集团有限公司联合循环发电厂技术监控规程》第12部分：汽轮机技术监督	及时补充修订	技术监督专工、专业专工	总工程师	
2	技术资料、设备清册和台账	完善相关资料、台账，包括： (1)基建阶段技术资料： 1)汽轮机及主要设备技术规范； 2)整套设计和制造图纸、说明书、出厂试验报告； 3)安装竣工图纸；	技术资料、档案齐全，条目清晰	Q/CDT 101 11 004《中国大唐集团有限公司联合循环发电厂技术监控规程》第12部分：汽轮机技术监督	及时滚动更新	技术监督专工、专业专工	总工程师	

续表

序号	监督项目	技术监督工作内容	达到目标	执行标准	完成时间	负责部门及负责人	监督检查人	执行人签名
2	技术资料、设备清册和台账	4）设计修改文件； 5）设备监造报告、安装验收记录、缺陷处理报告、调试试验报告、投产验收报告。 （2）设备清册及设备台账： 1）汽轮机及辅助设备清册； 2）汽轮机及辅助设备台账	技术资料、档案齐全，条目清晰	Q/CDT 101 11 004《中国大唐集团有限公司联合循环发电厂技术监控规程》第12部分：汽轮机技术监督	及时滚动更新	技术监督专工、专业专工	总工程师	
3	原始记录和试验报告	建立和完善相关原始记录及试验报告： （1）汽轮机及辅助设备性能考核试验报告； （2）汽轮机超速试验报告； （3）汽门严密性试验报告； （4）汽门关闭时间试验报告； （5）甩负荷试验报告； （6）滑压运行及调节汽门优化试验报告； （7）冷端优化运行试验报告； （8）真空严密性试验报告； （9）其他相关试验报告； （10）启停机过程的记录分析和总结； （11）汽轮机专业反事故措施； （12）与汽轮机技术监督有关的事故（异常）分析报告； （13）待处理缺陷的措施和处理记录； （14）年度监督计划、汽轮机技术监督工作总结； （15）汽轮机技术监督会议记录和文件； （16）检修质量控制质检点验收记录； （17）检修文件包（含作业指导书）； （18）检修记录及竣工资料； （19）检修总结	记录、报告完整	Q/CDT 101 11 004《中国大唐集团有限公司联合循环发电厂技术监控规程》第12部分：汽轮机技术监督	及时滚动更新	专业专工	技术监督专工	

二、日常管理工作

序号	监督项目	技术监督工作内容	达到目标	执行标准	完成时间	负责部门及负责人	监督检查人	执行人签名
1	监督体系	应建立健全总工程师、专业技术监督工程师、有关部门的专业或班组的专业技术人员组成的三级技术监督网，并明确岗位职责，做好日常的汽轮机技术监督工作	网络完善，职责清晰	Q/CDT 101 11 004《中国大唐集团有限公司联合循环发电厂技术监控规程》第12部分：汽轮机技术监督	每年	技术监督专工	总工程师	
2	年度计划	编制下年度监督工作计划，主要内容应包括： （1）规程、制度的制定及修订计划； （2）技术监督定期工作计划； （3）检修、技改期间应开展的技术监督项目计划； （4）技术监督发现问题整改计划； （5）专业设备及仪器仪表的检验、检定计划； （6）人员培训计划（主要包括内部培训、外部培训取证，规程宣贯）	内容全面、目标明确、流程细化	Q/CDT 101 11 004《中国大唐集团有限公司联合循环发电厂技术监控规程》第12部分：汽轮机技术监督	每年12月20日前	技术监督专工	总工程师	
3	年度总结	主要内容包括： （1）监督指标完成情况； （2）完成的重点工作； （3）成绩和不足； （4）下一年度重点工作安排	总结及时、完整	《中国大唐集团有限公司发电企业技术监控管理办法》； Q/CDT 101 11 004《中国大唐集团有限公司联合循环发电厂技术监控规程》第12部分：汽轮机技术监督	每年1月10日前	技术监督专工、专业专工	总工程师	

续表

序号	监督项目	技术监督工作内容	达到目标	执行标准	完成时间	负责部门及负责人	监督检查人	执行人签名
4	月度总结与计划	对照月度工作计划，对实际工作开展情况进行检查，分析本月监督指标、存在问题；依据年度工作计划、检修计划和问题整改计划等内容，制订合理的下月工作计划	总结全面、深刻，计划完整、具体	Q/CDT 101 11 004《中国大唐集团有限公司联合循环发电厂技术监控规程》第12部分：汽轮机技术监督	每月底	技术监督专工、专业专工	总工程师	
5	月度报表	按照集团公司技术监督月度报表要求进行填报，并及时报送至科研院	数据准确、内容完整、格式正确	Q/CDT 101 11 004《中国大唐集团有限公司联合循环发电厂技术监控规程》第12部分：汽轮机技术监督	每月10日前	技术监督专工、专业专工	总工程师	

三、专业管理工作

序号	监督项目	技术监督工作内容	达到目标	执行标准	完成时间	负责部门及负责人	监督检查人	执行人签名
1	专业会管理	每年至少召开一次汽轮机技术监督专业会（可与月度技术监督专题会合开），总结技术监督工作，对技术监督中出现的问题提出处理意见和防范措施	按期执行、规范有效	《中国大唐集团有限公司发电企业技术监控管理办法》； Q/CDT 101 11 004《中国大唐集团有限公司联合循环发电厂技术监控规程》第12部分：汽轮机技术监督	每年	技术监督专工	总工程师	
2	动态检查	按要求开展技术监督动态检查的专业自查，并形成自查报告，认真配合科研院现场检查	规范自查、认真配合、提高水平	Q/CDT 101 11 004《中国大唐集团有限公司联合循环发电厂技术监控规程》第12部分：汽轮机技术监督	上、下半年	技术监督专工、专业专工	总工程师	

续表

序号	监督项目	技术监督工作内容	达到目标	执行标准	完成时间	负责部门及负责人	监督检查人	执行人签名
3	机组技术改造或设备异动	按计划开展机组技术改造或进行专业设备异动，进行全过程技术监督，保证技改或异动达到预计效果，及时补充、更新相关系统设备台账资料，修订相关系统设备的运行、检修规程等	达到预期目标	Q/CDT 101 11 004《中国大唐集团有限公司联合循环发电厂技术监控规程》第12部分：汽轮机技术监督	按计划时间	技术监督专工、专业专工	总工程师	
4	技术培训、取证、复证考试，学术交流及技术研讨	按计划开展企业内部技术培训，及时参加科研院、集团公司、行业组织的各项培训取证和学术交流及技术研讨活动	提高专业技术水平	《中国大唐集团有限公司发电企业技术监控管理办法》；Q/CDT 101 11 004《中国大唐集团有限公司联合循环发电厂技术监控规程》第12部分：汽轮机技术监督	按计划	技术监督专工、专业专工	总工程师	
5	异常情况	对专业异常、事故情况进行分析处理，形成分析报告或纪要，留存档案，对照整改，主要事件及其处理情况列入月度报表上报	分析准确、措施得当、处理有效	Q/CDT 101 11 004《中国大唐集团有限公司联合循环发电厂技术监控规程》第12部分：汽轮机技术监督	每月底	技术监督专工、专业专工	总工程师	
6	缺陷处理	对专业缺陷及时进行处理、分析总结，编写处理分析报告	分析规律，查找根源，制订措施，降低发生率	Q/CDT 101 11 004《中国大唐集团有限公司联合循环发电厂技术监控规程》第12部分：汽轮机技术监督	每月底	专业专工	技术监督专工	

续表

序号	监督项目	技术监督工作内容	达到目标	执行标准	完成时间	负责部门及负责人	监督检查人	执行人签名
7	监督预警	跟踪科研院下发的技术监督预警的整改完成情况，及时反馈预警通知回执单	按期完成预警整改	Q/CDT 101 11 004《中国大唐集团有限公司联合循环发电厂技术监控规程》第12部分：汽轮机技术监督	每月	技术监督专工、专业专工	总工程师	
8	专项排查	跟踪科研院下发的技术监督专项排查通知的完成情况，及时反馈排查情况报告	按期完成排查与报告	Q/CDT 101 11 004《中国大唐集团有限公司联合循环发电厂技术监控规程》第12部分：汽轮机技术监督	每月	技术监督专工、专业专工	总工程师	
9	技术监督发现问题的管理与闭环	每月核对技术监督发现的问题（包括企业自查发现的问题，科研院发出的监督预警、专项排查、动态检查发现的问题等）整改情况，并在信息管理系统录入针对问题采取的整改措施和完成情况	更新及时，整改完成或整改方案制订及时、完整	Q/CDT 101 11 004《中国大唐集团有限公司联合循环发电厂技术监控规程》第12部分：汽轮机技术监督	每月	技术监督专工、专业专工	总工程师	

四、指标管理

序号	监督项目	技术监督工作内容	达到目标	执行标准	完成时间	负责部门及负责人	监督检查人	执行人签名
1	汽轮机热耗率	查看汽轮机热力性能考核试验报告，汽轮机热力性能考核试验热耗率与汽轮机制造厂的设计保证值偏差应达到集团公司的管理要求	偏差值应不大于100kJ/kWh	Q/CDT 101 11 004《中国大唐集团有限公司联合循环发电厂技术监控规程》第6部分：节能技术监督	每月	专业专工	技术监督专工	

续表

序号	监督项目	技术监督工作内容	达到目标	执行标准	完成时间	负责部门及负责人	监督检查人	执行人签名
2	汽轮机高、中、低压缸效率	查看汽轮机热力性能考核试验报告，汽轮机高、中、低压缸效率应达到规定值	达到汽轮机设计值	Q/CDT 101 11 004《中国大唐集团有限公司联合循环发电厂技术监控规程》第6部分：节能技术监督	每月	专业专工	技术监督专工	
3	振动	（1）核查机组主、辅设备的振动保护装置应符合集团公司相关要求； （2）核查设计已有的振动监测保护装置应投入运行	机组设计的保护100%投运	Q/CDT 101 11 004《中国大唐集团有限公司联合循环发电厂技术监控规程》第12部分：汽轮机技术监督	每日	专业专工	技术监督专工	
4	汽缸膨胀	核查汽缸膨胀值应符合规程规定的范围	不超过设计允许限值	Q/CDT 101 11 004《中国大唐集团有限公司联合循环发电厂技术监控规程》第12部分：汽轮机技术监督	每日	专业专工	技术监督专工	
5	胀差	核查汽轮机胀差应符合规程规定	不超过设计允许限值	Q/CDT 101 11 004《中国大唐集团有限公司联合循环发电厂技术监控规程》第12部分：汽轮机技术监督	每日	专业专工	技术监督专工	
6	主蒸汽温度	（1）与主蒸汽温度设计值比较，机侧和炉侧分别比较； （2）主蒸汽温度偏离值应符合规程规定的运行允许值范围； （3）主蒸汽温度的监督以统计报表、现场检查和试验数据作为依据	不超过设计值或运行允许值±2℃	Q/CDT 101 11 004《中国大唐集团有限公司联合循环发电厂技术监控规程》第12部分：汽轮机技术监督	每日	专业专工	技术监督专工	

续表

序号	监督项目	技术监督工作内容	达到目标	执行标准	完成时间	负责部门及负责人	监督检查人	执行人签名
7	主蒸汽压力（机侧）	（1）定压运行时，机侧主蒸汽压力应符合规定值； （2）滑压运行时，主蒸汽压力应达到机组滑压优化试验得出的该主蒸汽流量对应的最佳值； （3）主蒸汽压力的监督以统计报表、现场检查和试验数据作为依据	（1）定压运行时，设计值±1%； （2）滑压运行时，汽轮机侧优化值	Q/CDT 101 11 004《中国大唐集团有限公司联合循环发电厂技术监控规程》第12部分：汽轮机技术监督	每日	专业专工	技术监督专工	
8	再热蒸汽温度	（1）与再热蒸汽温度设计值比较，机侧和炉侧分别比较； （2）再热蒸汽温度值应符合规程规定的运行允许值范围； （3）再热蒸汽温度的监督以统计报表、现场检查和试验数据作为依据	不超过设计值或运行允许值±2℃	Q/CDT 101 11 004《中国大唐集团有限公司联合循环发电厂技术监控规程》第12部分：汽轮机技术监督	每日	专业专工	技术监督专工	
9	排汽温度	（1）与排汽温度设计值比较； （2）排汽温度应符合规定值； （3）排汽温度的监督以统计报表、现场检查和试验数据作为依据	不高于设计值	Q/CDT 101 11 004《中国大唐集团有限公司联合循环发电厂技术监控规程》第12部分：汽轮机技术监督	每日	专业专工	技术监督专工	
10	润滑油压	（1）与润滑油压设计值比较； （2）润滑油压应符合规定值； （3）润滑油压的监督以统计报表、现场检查和试验数据作为依据	不低于设计值	Q/CDT 101 11 004《中国大唐集团有限公司联合循环发电厂技术监控规程》第12部分：汽轮机技术监督	每日	专业专工	技术监督专工	
11	轴承回油温度	（1）与轴承回油温度设计值比较； （2）轴承回油温度应符合规定值； （3）轴承回油温度的监督以统计报表、现场检查和试验数据作为依据	不高于设计值	Q/CDT 101 11 004《中国大唐集团有限公司联合循环发电厂技术监控规程》第12部分：汽轮机技术监督	每日	专业专工	技术监督专工	

续表

序号	监督项目	技术监督工作内容	达到目标	执行标准	完成时间	负责部门及负责人	监督检查人	执行人签名
12	轴瓦温度	（1）与轴瓦温度设计值比较； （2）轴瓦温度应符合规定值； （3）轴瓦温度的监督以统计报表、现场检查和试验数据作为依据	不高于设计值	Q/CDT 101 11 004《中国大唐集团有限公司联合循环发电厂技术监控规程》第12部分：汽轮机技术监督	每日	专业专工	技术监督专工	
13	推力瓦温度	（1）与推力瓦温度设计值比较； （2）推力瓦温度应符合规定值； （3）推力瓦温度的监督以统计报表、现场检查和试验数据作为依据	不高于设计值	Q/CDT 101 11 004《中国大唐集团有限公司联合循环发电厂技术监控规程》第12部分：汽轮机技术监督	每日	专业专工	技术监督专工	
14	汽缸上下缸温差、左右侧法兰温差	（1）与汽缸上下缸温差、左右侧法兰温差设计值比较； （2）汽缸上下缸温差、左右侧法兰温差应符合规定值； （3）汽缸上下缸温差、左右侧法兰温差的监督以统计报表、现场检查和试验数据作为依据	不高于设计值	Q/CDT 101 11 004《中国大唐集团有限公司联合循环发电厂技术监控规程》第12部分：汽轮机技术监督	每日	专业专工	技术监督专工	
15	汽轮机真空系统严密性	汽轮机真空系统严密性满足规定值	（1）100MW及以上等级湿冷机组，不大于270Pa/min； （2）100MW以下湿冷机组，不大于400 Pa/min； （3）空冷机组，不大于100 Pa/min	Q/CDT 101 11 004《中国大唐集团有限公司联合循环发电厂技术监控规程》第6部分：节能技术监督	每月	专业专工	技术监督专工	

续表

序号	监督项目	技术监督工作内容	达到目标	执行标准	完成时间	负责部门及负责人	监督检查人	执行人签名
16	主、再热汽门关闭时间	主、再热汽门关闭时间满足规定值	（1）阀门总关闭时间 t 为关闭过程中的动作延迟时间 t_1 和关闭时间 t_2 之和。 （2）主汽门总关闭时间 t 合格标准： 1）小于 300ms（机组容量大于 200MW）； 2）小于 400ms（机组容量 100～200MW）； 3）小于 1000ms（机组容量小于 100MW）。 （3）调门总关闭时间 t 合格标准： 1）小于 300ms（机组容量大于 600MW）； 2）小于 400ms（机组容量 200～600MW）； 3）小于 500ms（机组容量小于 200MW）	Q/CDT 101 11 004《中国大唐集团有限公司联合循环发电厂技术监控规程》第 12 部分：汽轮机技术监督	（1）新建机组整套试运前； （2）机组每次 A 级检修之后	专业专工	技术监督专工	

续表

序号	监督项目	技术监督工作内容	达到目标	执行标准	完成时间	负责部门及负责人	监督检查人	执行人签名
17	汽门严密性	（1）应在额定汽压、正常真空和汽轮机空负荷运行时进行； （2）各汽门的严密性试验结果应符合规定值	（1）高、中压主汽门或高、中压调节汽门分别全关而另一汽门全开时，应保证汽轮机转速降至1000r/min以下； （2）高中压缸的汽门严密性试验分开进行时，当主（再热）蒸汽压力偏低，但不低于50%额定压力时，汽轮机转速下降值n按下式修正： $n=(p/p_0)\times 1000$ r/min 式中：p为试验时的主蒸汽压力或再热蒸汽压力，MPa；p_0为额定主蒸汽压力或再热蒸汽压力，MPa	Q/CDT 101 11 004《中国大唐集团有限公司联合循环发电厂技术监控规程》第12部分：汽轮机技术监督	A级、B级检修后；汽门解体检修后	专业专工	技术监督专工	
18	抽汽止回门及供热机组的抽汽快关阀的关闭时间测定	抽汽止回门及供热机组的抽汽快关阀的关闭时间应符合规定值	快关阀的动作时间（包括动作延迟时间和关闭时间）应根据抽汽参数和有害容积进行实际计算来确定，一般应小于0.3～0.5s	Q/CDT 101 11 004《中国大唐集团有限公司联合循环发电厂技术监控规程》第12部分：汽轮机技术监督	A级、B级检修后	专业专工	技术监督专工	

五、试验与检验

序号	监督项目	技术监督工作内容	达到目标	执行标准	完成时间	负责部门及负责人	监督检查人	执行人签名
1	汽轮机热耗率和厂用电率	每月利用机组运行中的有关参数，测取机组在各种典型工况（选择100%额定负荷、75%额定负荷、50%额定负荷三个负荷点）下的汽轮机热耗率和厂用电率	试验数据真实、报告结论准确	GB/T 8117.1《汽轮机热力性能验收试验规程 第1部分：方法A——大型凝汽式汽轮机高准确度试验》	每月	专业专工	技术监督专工	
2	真空严密性试验	（1）组织开展真空严密性试验测试； （2）测试报告要按有关规程进行计算、分析	试验数据真实、报告结论准确	DL/T 932《凝汽器与真空系统运行维护导则》	每月	专业专工	技术监督专工	
3	汽门活动性试验	利用就地试验装置或DEH试验逻辑对汽门进行10%～20%行程的活动试验；在低负荷下进行试验，对于深度调峰机组，高压调门可不进行试验	汽门活动正常，无卡涩	DL/T 338《并网运行汽轮机调节系统技术监督导则》	每周	专业专工	技术监督专工	
4	主汽门、调节汽门全行程活动试验	利用就地试验装置或DEH试验逻辑对汽门进行全行程活动	阀门活动正常，无卡涩	DL/T 338《并网运行汽轮机调节系统技术监督导则》	每月	专业专工	技术监督专工	
5	DEH遮断（AST）电磁阀、OPC电磁阀活动试验	（1）利用DEH试验逻辑，对冗余串并联设计的每个电磁阀进行真实动作试验； （2）夜班低负荷进行，仅对DEH冗余的串并联电磁阀且设计有在线试验功能的机组有效	电磁阀动作正常	DL/T 338《并网运行汽轮机调节系统技术监督导则》	每周	专业专工	技术监督专工	
6	抽汽止回门关闭/活动试验	利用试验装置部分活动，或直接操作关闭	阀门活动正常	DL/T 338《并网运行汽轮机调节系统技术监督导则》	每月	专业专工	技术监督专工	

续表

序号	监督项目	技术监督工作内容	达到目标	执行标准	完成时间	负责部门及负责人	监督检查人	执行人签名
7	飞锤注/充油试验	利用注/充油试验装置在不提升转速的情况下试验危急保安器的动作结果	试验结果真实、动作可靠	DL/T 338《并网运行汽轮机调节系统技术监督导则》	运行每2000h	专业专工	技术监督专工	
8	低油压（润滑油压低和抗燃油油压低）试验	试验油压低联锁保护是否正常	试验结果真实准确	DL/T 338《并网运行汽轮机调节系统技术监督导则》	机组启动前	专业专工	技术监督专工	
9	重要辅机、换热器、滤网的定期切换	定期进行备用辅机、换热器、滤网的切换试验	保证可靠备用	DL/T 338《并网运行汽轮机调节系统技术监督导则》	每月	专业专工	技术监督专工	
10	汽轮机油、抗燃油、机械油定期油质分析	进行油质全分析	试验结果真实准确	《电力用油、气质量、试验方法及监督管理标准汇编》	定期	专业专工	技术监督专工	
11	抽汽止回门活动试验及供热机组的抽汽快关阀活动试验	保证抽汽止回门和抽汽快关阀活动正常、无卡涩	试验结果真实准确	Q/CDT 101 11 004《中国大唐集团有限公司联合循环发电厂技术监控规程》第12部分：汽轮机技术监督	定期	专业专工	技术监督专工	
12	抽汽止回门关闭时间测定	测定抽汽止回门关闭时间	试验结果真实准确	Q/CDT 101 11 004《中国大唐集团有限公司联合循环发电厂技术监控规程》第12部分：汽轮机技术监督	定期	专业专工	技术监督专工	

六、检修监督

序号	监督项目	技术监督工作内容	达到目标	执行标准	完成时间	负责部门及负责人	监督检查人	执行人签名
1	检修计划	根据检修等级、设备状况确定检修前试验摸底项目、检修项目、检修过程技术监督项目、检修质量验收计划、检修再鉴定与系统恢复试验计划及修后性能验收等计划内容，形成检修技术材料	计划项目完整、过程监督规范、检修质量达标	Q/CDT 101 11 004《中国大唐集团有限公司联合循环发电厂技术监控规程》第 12 部分：汽轮机技术监督	结合检修	技术监督专工、专业专工	总工程师	
2	检修总结	根据 DL/T 838《燃煤火力发电企业设备检修导则》的技术要求，结合检修准备、实施与结果等情况进行检修总结，提出全面的检修总结报告	规范、准确，全面、完整	DL/T 838《燃煤火力发电企业设备检修导则》；Q/CDT 101 11 004《中国大唐集团有限公司联合循环发电厂技术监控规程》第 12 部分：汽轮机技术监督	机组复役后 30 天内	技术监督专工、专业专工	总工程师	
3	汽轮机热耗率试验	提前安排进行 A 修前、后汽轮机热耗率试验，及时出具试验报告，以便进行修前、修后指标对比	试验诊断机组状态，找出经济性能下降的原因，为设备检修提供依据	GB/T 8117.1《汽轮机热力性能验收试验规程 第 1 部分：方法 A——大型凝汽式汽轮机高准确度试验》	检修前后一个月内	技术监督专工、专业专工	总工程师	
4	技术改造项目相关的热力试验	机组实施了影响能耗的技术改造项目（工程），应在改造后一个月内组织进行全面的或与该系统相关的热力试验，以此作为对改造效果的评价依据和能耗分析依据	试验数据真实、报告结论准确	GB/T 8117.1《汽轮机热力性能验收试验规程 第 1 部分：方法 A——大型凝汽式汽轮机高准确度试验》	技改结束后一个月内完成	技术监督专工、专业专工	技术监督专工	

续表

序号	监督项目	技术监督工作内容	达到目标	执行标准	完成时间	负责部门及负责人	监督检查人	执行人签名
5	汽轮机缸效试验	提前安排进行A修前、后试验，及时出具试验报告，以便进行修前、修后指标对比	试验诊断机组状态，找出经济性能下降的原因，为设备检修提供依据	GB/T 8117.1《汽轮机热力性能验收试验规程 第1部分：方法A——大型凝汽式汽轮机高准确度试验》	检修前后一个月内	技术监督专工、专业专工	总工程师	
6	真空严密性试验	（1）提前安排进行检修前后试验，做好试验记录，以便进行修前、修后指标对比； （2）试验诊断机组状态，找出经济性能下降的原因，为设备检修提供依据	试验数据真实、报告结论准确	GB/T 8117.1《汽轮机热力性能验收试验规程 第1部分：方法A——大型凝汽式汽轮机高准确度试验》	检修前后一个月内	技术监督专工、专业专工	总工程师	
7	鉴定性试验	核查检修中实施的技术改造项目是否及时组织鉴定性试验，各项指标是否满足技改要求	测定机组检修后热力性能，评价机组设备检修、改造后的安全经济性	GB/T 8117.1《汽轮机热力性能验收试验规程 第1部分：方法A——大型凝汽式汽轮机高准确度试验》	设备技改结束后一个月内完成	技术监督专工、专业专工	总工程师	
8	甩负荷试验	核查新投产机组或者调节系统改造后的机组，是否进行甩负荷试验	测定机组在故障情况的调节系统性能	DL/T 711《汽轮机调节保安系统试验导则》	新投产的机组，宜在机组通过满负荷试运前完成	技术监督专工、专业专工	总工程师	
9	轴系振动监测试验	核查机组主、辅设备的振动保护装置是否正常投入，已有振动监测保护装置的机组，振动超限跳机保护是否投入运行	测定检修后轴系振动情况，评价机组检修、改造后的安全性和轴系稳定性	Q/CDT 101 11 004《中国大唐集团有限公司联合循环发电厂技术监控规程》第12部分：汽轮机技术监督	检修后首次启动	技术监督专工、专业专工	总工程师	

续表

序号	监督项目	技术监督工作内容	达到目标	执行标准	完成时间	负责部门及负责人	监督检查人	执行人签名
10	汽门关闭时间测定	利用录波器记录机组打闸及各汽门关闭反馈信号	试验数据真实、动作结果准确	DL/T 338《并网运行汽轮机调节系统技术监督导则》	（1）新建机组整套试运前；（2）机组每次A级检修之后	技术监督专工、专业专工	总工程师	
11	飞锤注/充油试验	利用注/充油试验装置在不提升转速的情况下试验危急保安器的动作结果	试验数据真实、动作结果准确	DL/T 338《并网运行汽轮机调节系统技术监督导则》	运行每2000h	技术监督专工、专业专工	总工程师	
12	超速试验	按制造厂/行业标准进行	试验数据真实、动作结果准确	DL/T 338《并网运行汽轮机调节系统技术监督导则》	（1）新建机组或汽轮机A级检修后；（2）危急保安器解体或调整后；（3）停机一个月后再启动（可由注油试验代替）；（4）进行甩负荷试验前；（5）机组运行2000h后（可由注油试验代替）	技术监督专工、专业专工	总工程师	

续表

序号	监督项目	技术监督工作内容	达到目标	执行标准	完成时间	负责部门及负责人	监督检查人	执行人签名
13	汽门严密性试验	按制造厂/行业标准进行	汽门严密性满足标准要求	DL/T 338《并网运行汽轮机调节系统技术监督导则》	A、B级检修后和汽门解体检修后	技术监督专工、专业专工	总工程师	

第十二章

锅炉技术监督

一、基础管理工作

序号	监督项目	技术监督工作内容	达到目标	执行标准	完成时间	负责部门及负责人	监督检查人	执行人签名
1	规程制度	建立或修订专业管理规程、制度： （1）余热锅炉运行规程、检修规程、系统图； （2）设备定期试验与轮换管理标准； （3）设备巡回检查管理标准； （4）设备检修管理标准； （5）设备缺陷管理标准； （6）设备点检定修管理标准； （7）设备评级管理标准； （8）防磨防爆管理标准； （9）设备技术台账管理标准； （10）设备异动管理标准	制度齐全、有效，并规范执行	Q/CDT 101 11 004《中国大唐集团有限公司联合循环发电厂技术监控规程》第13部分：锅炉技术监督	及时补充修订	技术监督专工、专业专工	总工程师	
2	技术资料、设备清册和台账	完善相关资料、台账： （1）余热锅炉及主要设备技术规范、使用维护说明书； （2）余热锅炉热力计算书、设计使用说明书、安装说明书、燃烧系统说明书（有补燃余热锅炉）；	技术资料、档案齐全，条目清晰	Q/CDT 101 11 004《中国大唐集团有限公司联合循环发电厂技术监控规程》第13部分：锅炉技术监督	及时滚动更新	技术监督专工、专业专工	总工程师	

续表

序号	监督项目	技术监督工作内容	达到目标	执行标准	完成时间	负责部门及负责人	监督检查人	执行人签名
2	技术资料、设备清册和台账	（3）整套设计和制造图纸、出厂试验报告； （4）安装竣工图纸； （5）设计修改文件； （6）设备监造报告、安装验收记录、缺陷处理报告、调试试验报告、投产验收报告； （7）余热锅炉及辅助设备清册； （8）余热锅炉及辅助设备台账； （9）月度运行分析和总结报告； （10）设备定期轮换记录； （11）运行日志； （12）启停炉过程的记录及异常情况分析和总结； （13）余热锅炉技术监督年度培训计划、培训记录； （14）余热锅炉专业反事故措施； （15）与余热锅炉监督有关的事故（异常）分析报告	技术资料、档案齐全，条目清晰	Q/CDT 101 11 004《中国大唐集团有限公司联合循环发电厂技术监控规程》第13部分：锅炉技术监督	及时滚动更新	技术监督专工、专业专工	总工程师	
3	原始记录和试验报告	建立和完善相关原始记录及试验报告： （1）余热锅炉及辅机性能考核试验报告； （2）余热锅炉机组优化运行试验报告（脱硫/脱硝系统优化运行试验报告等）； （3）定期校验记录，包括氧量计、一氧化碳测量装置、流量测量装置等定期校验等； （4）定期化验报告； （5）汽包水位定期校对记录； （6）割管取样检测报告、爆管分析报告； （7）超温记录台账； （8）爆漏事故记录台账	记录、报告完整	Q/CDT 101 11 004《中国大唐集团有限公司联合循环发电厂技术监控规程》第13部分：锅炉技术监督	及时滚动更新	专业专工	技术监督专工	

二、日常管理工作

序号	监督项目	技术监督工作内容	达到目标	执行标准	完成时间	负责部门及负责人	监督检查人	执行人签名
1	监督体系	应建立健全总工程师、专业技术监督工程师、有关部门的专业或班组的专业技术人员组成的三级技术监督网，并明确岗位职责，做好日常的锅炉技术监督工作	网络完善，职责清晰	Q/CDT 101 11 004《中国大唐集团有限公司联合循环发电厂技术监控规程》第13部分：锅炉技术监督	每年	技术监督专工	总工程师	
2	年度计划	编制下年度监督工作计划，主要内容应包括： （1）规程、制度的制定及修订计划； （2）技术监督定期工作计划； （3）检修、技改期间应开展的技术监督项目计划； （4）技术监督发现问题整改计划； （5）专业设备及仪器仪表的检验、检定计划； （6）人员培训计划（主要包括内部培训、外部培训取证，规程宣贯）	内容全面、目标明确、流程细化	Q/CDT 101 11 004《中国大唐集团有限公司联合循环发电厂技术监控规程》第13部分：锅炉技术监督	每年12月20日前	技术监督专工	总工程师	
3	年度总结	主要内容包括： （1）监督指标完成情况； （2）完成的重点工作； （3）成绩和不足； （4）下一年度重点工作安排	总结及时、完整	Q/CDT 101 11 004《中国大唐集团有限公司联合循环发电厂技术监控规程》第13部分：锅炉技术监督	每年1月10日前	技术监督专工、专业专工	总工程师	
4	月度总结与计划	对照月度工作计划，对实际工作开展情况进行检查，分析本月监督指标、存在问题；依据年度工作计划、检修计划和问题整改计划等内容，制订合理的下月工作计划	总结全面、深刻，计划完整、具体	Q/CDT 101 11 004《中国大唐集团有限公司联合循环发电厂技术监控规程》第13部分：锅炉技术监督	每月底	技术监督专工、专业专工	总工程师	

续表

序号	监督项目	技术监督工作内容	达到目标	执行标准	完成时间	负责部门及负责人	监督检查人	执行人签名
5	月度报表	按照集团公司技术监督月度报表要求进行填报，并及时报送至科研院	数据准确、内容完整、格式正确	Q/CDT 101 11 004《中国大唐集团有限公司联合循环发电厂技术监控规程》第13部分：锅炉技术监督	每月10日前	技术监督专工、专业专工	总工程师	

三、专业管理工作

序号	监督项目	技术监督工作内容	达到目标	执行标准	完成时间	负责部门及负责人	监督检查人	执行人签名
1	专业会管理	每年至少召开一次锅炉技术监督专业会（可与月度技术监督专题会合开），总结技术监督工作，对技术监督中出现的问题提出处理意见和防范措施	按期执行、规范有效	《中国大唐集团有限公司发电企业技术监控管理办法》；Q/CDT 101 11 004《中国大唐集团有限公司联合循环发电厂技术监控规程》第13部分：锅炉技术监督	每年	技术监督专工	总工程师	
2	动态检查	按要求开展技术监督动态检查的专业自查，并形成自查报告，认真配合科研院现场检查	规范自查、认真配合、提高水平	Q/CDT 101 11 004《中国大唐集团有限公司联合循环发电厂技术监控规程》第13部分：锅炉技术监督	上、下半年	技术监督专工、专业专工	总工程师	
3	机组技术改造或设备异动	按计划开展机组技术改造或进行专业设备异动，进行全过程技术监督，保证技改或异动达到预计效果，及时补充、更新相关系统设备台账资料，修订相关系统设备的运行、检修规程等	达到预期目标	Q/CDT 101 11 004《中国大唐集团有限公司联合循环发电厂技术监控规程》第13部分：锅炉技术监督	按计划时间	技术监督专工、专业专工	总工程师	

续表

序号	监督项目	技术监督工作内容	达到目标	执行标准	完成时间	负责部门及负责人	监督检查人	执行人签名
4	技术培训、取证、复证考试，学术交流及技术研讨	按计划开展技术监督培训工作，参加技术监督主管部门组织的学术交流及技术研讨活动。厂内应定期开展对规程、新标准、新规定、系统图等的培训，并留有学习记录	提高专业技术水平	《中国大唐集团有限公司发电企业技术监控管理办法》； Q/CDT 101 11 004《中国大唐集团有限公司联合循环发电厂技术监控规程》第13部分：锅炉技术监督	按计划	技术监督专工、专业专工	总工程师	
5	异常情况	组织对异常情况数据分析、事故情况分析处理、设计变更等，形成会议纪要和设备异常档案并存档	原因明确，措施得当，彻底解决问题根源	Q/CDT 101 11 004《中国大唐集团有限公司联合循环发电厂技术监控规程》第13部分：锅炉技术监督	每月底	技术监督专工、专业专工	总工程师	
6	缺陷处理	对本单位锅炉专业缺陷及时进行处理，编写情况分析报告	分析缺陷发生规律，查找问题根源，制订措施，降低缺陷发生率	Q/CDT 101 11 004《中国大唐集团有限公司联合循环发电厂技术监控规程》第13部分：锅炉技术监督	每月底	专业专工	技术监督专工	
7	监督预警	跟踪科研院下发的技术监督预警的整改完成情况，及时反馈预警通知回执单	按期完成预警整改	Q/CDT 101 11 004《中国大唐集团有限公司联合循环发电厂技术监控规程》第13部分：锅炉技术监督	每月	技术监督专工、专业专工	总工程师	

续表

序号	监督项目	技术监督工作内容	达到目标	执行标准	完成时间	负责部门及负责人	监督检查人	执行人签名
8	专项排查	跟踪科研院下发的技术监督专项排查通知的完成情况，及时反馈排查情况报告	按期完成排查与报告	Q/CDT 101 11 001《中国大唐集团有限公司联合循环发电厂技术监控规程》第13部分：锅炉技术监督	每月	技术监督专工、专业专工	总工程师	
9	技术监督发现问题的管理与闭环	每月核对技术监督发现的问题（包括企业自查发现的问题，科研院发出的监督预警、专项排查、动态检查发现的问题等）整改情况，并在信息管理系统录入针对问题采取的整改措施和完成情况	更新及时，整改完成或整改方案制订及时、完整	Q/CDT 101 11 004《中国大唐集团有限公司联合循环发电厂技术监控规程》第13部分：锅炉技术监督	每月	技术监督专工、专业专工	总工程师	

四、指标管理

序号	监督项目	技术监督工作内容	达到目标	执行标准	完成时间	负责部门及负责人	监督检查人	执行人签名
1	锅炉效率	由日常运行、试验等数据按有关规定的计算方法得出，按运行负荷与运行规程中锅炉效率设计值或核定值进行比较	设计值或核定值	GB/T 10863《烟道式余热锅炉热工试验方法》；DL/T 1427《联合循环余热锅炉性能试验规程》；Q/CDT 101 11 004《中国大唐集团有限公司联合循环发电厂技术监控规程》第13部分：锅炉技术监督	每月	专业专工	技术监督专工	

续表

序号	监督项目	技术监督工作内容	达到目标	执行标准	完成时间	负责部门及负责人	监督检查人	执行人签名
2	主蒸汽压力	（1）与运行规程中锅炉主蒸汽压力设计值进行比较，压力偏离值应符合规程规定的范围； （2）主蒸汽压力的监督以统计报表、现场检查和试验数据作为依据	小于设计值±0.1MPa	DL/T 1052《电力节能技术监督导则》； Q/CDT 101 11 004《中国大唐集团有限公司联合循环发电厂技术监控规程》第13部分：锅炉技术监督	每日	专业专工	技术监督专工	
3	主蒸汽温度	（1）与锅炉主蒸汽温度设计值比较； （2）主蒸汽温度偏离值不超过规程规定的运行允许值范围； （3）主蒸汽温度的监督以统计报表、现场检查和试验数据作为依据	不超过设计值或运行允许值±2℃	DL/T 1052《电力节能技术监督导则》； Q/CDT 101 11 004《中国大唐集团有限公司联合循环发电厂技术监控规程》第13部分：锅炉技术监督	每日	专业专工	技术监督专工	
4	再热蒸汽温度	（1）与锅炉再热蒸汽温度设计值比较； （2）再热蒸汽温度偏离值不超过规程规定的运行允许值范围； （3）再热蒸汽温度的监督以统计报表、现场检查和试验数据作为依据	不超过设计值或运行允许值±2℃	DL/T 1052《电力节能技术监督导则》； Q/CDT 101 11 004《中国大唐集团有限公司联合循环发电厂技术监控规程》第13部分：锅炉技术监督	每日	专业专工	技术监督专工	
5	再热减温水量	（1）与锅炉再热减温水量设计值比较； （2）再热减温水量偏离值不超过规程规定的运行允许值范围，尽量不使用减温水； （3）再热减温水量运行允许值的监督以统计报表、现场检查和试验数据作为依据	不大于2t/h	DL/T 1052《电力节能技术监督导则》； Q/CDT 101 11 004《中国大唐集团有限公司联合循环发电厂技术监控规程》第13部分：锅炉技术监督	每日	专业专工	技术监督专工	

续表

序号	监督项目	技术监督工作内容	达到目标	执行标准	完成时间	负责部门及负责人	监督检查人	执行人签名
6	给水温度	（1）统计期给水温度不低于规定值； （2）给水温度的监督以统计报表、现场检查和试验数据作为依据	不低于对应负荷下的设计值	DL/T 1052《电力节能技术监督导则》； Q/CDT 101 11 004《中国大唐集团有限公司联合循环发电厂技术监控规程》第 13 部分：锅炉技术监督	每日	专业专工	技术监督专工	
7	排烟温度	（1）与运行规程中锅炉排烟温度设计值进行比较，不大于规定值； （2）排烟温度应采用等截面网格法进行标定； （3）排烟温度的监督以统计报表、现场检查和试验数据作为依据	不大于设计值（或核定值）的 3%	DL/T 1052《电力节能技术监督导则》； Q/CDT 101 11 004《中国大唐集团有限公司联合循环发电厂技术监控规程》第 13 部分：锅炉技术监督	每日	专业专工	技术监督专工	
8	脱硝系统压差	脱硝系统压差的监督以统计报表和测试报告的数据作为依据	在设计范围内	DL/T 1052《电力节能技术监督导则》； Q/CDT 101 11 004《中国大唐集团有限公司联合循环发电厂技术监控规程》第 13 部分：锅炉技术监督	每日	专业专工	技术监督专工	
9	吹灰器投入情况	以统计记录和现场检查作为依据	投入率 100%	DL/T 1052《电力节能技术监督导则》； Q/CDT 101 11 004《中国大唐集团有限公司联合循环发电厂技术监控规程》第 13 部分：锅炉技术监督	每日	专业专工	技术监督专工	

续表

序号	监督项目	技术监督工作内容	达到目标	执行标准	完成时间	负责部门及负责人	监督检查人	执行人签名
10	锅炉经济指标管理台账	应建立锅炉经济指标管理台账、机组典型工况运行管理台账及运行缺陷管理台账，包括典型工况下的主蒸汽温度、再热蒸汽温度、再热减温水量、运行氧量、排烟温度等主要参数	完整、清晰	DL/T 1052《电力节能技术监督导则》； Q/CDT 101 11 004《中国大唐集团有限公司联合循环发电厂技术监控规程》第 13 部分：锅炉技术监督	每月	专业专工	技术监督专工	

五、试验与检验

序号	监督项目	技术监督工作内容	达到目标	执行标准	完成时间	负责部门及负责人	监督检查人	执行人签名
1	锅炉效率	每月将试验机组的热力系统与公用系统或其他机组热力系统隔离，利用机组运行中的有关参数，测取机组在各种典型工况（至少选择 100%额定负荷、75%额定负荷、50%额定负荷等三个负荷点）下的有关数据，计算出机组在不同典型工况下的锅炉效率，同时要对试验的非典型参数、非正常运行方式进行必要的修正	试验结果真实准确	GB/T 10863《烟道式余热锅炉热工试验方法》； DL/T 1427《联合循环余热锅炉性能试验规程》； 《电力节能检测实施细则》	每月	专业专工	技术监督专工	
2	机组大小修前、后性能考核热力试验	机组进行大小修前、后均应做性能考核热力试验，各企业应组织预备性试验。大修前、后的热力试验必须委托有资质的试验单位进行，试验条件应符合热力试验标准的要求。试验后由试验单位做出试验报告，试验报告中对机组存在影响运行经济性的问题加以分析	试验结果真实准确	GB/T 10863《烟道式余热锅炉热工试验方法》； DL/T 1427《联合循环余热锅炉性能试验规程》； 《电力节能检测实施细则》	等级检修前、后一个月内完成	专业专工	技术监督专工	

续表

序号	监督项目	技术监督工作内容	达到目标	执行标准	完成时间	负责部门及负责人	监督检查人	执行人签名
3	技术改造项目相关的热力试验	机组实施了影响能耗的技术改造项目（工程）等，应在改造后一个月内组织进行全面的或与该系统相关的热力试验，以此作为对改造效果的评价依据和能耗分析依据	试验结果真实准确	GB/T 10863《烟道式余热锅炉热工试验方法》；DL/T 1427《联合循环余热锅炉性能试验规程》；《电力节能检测实施细则》	设备技改结束后一个月内完成	专业专工	技术监督专工	
4	阀门泄漏测试	机组检修前，提前安排进行系统阀门泄漏测试，相关单位应及时出具测试报告，以便进行修后指标对比	试验诊断机组状态，找出经济性能下降的原因，为设备检修提供依据	GB/T 10863《烟道式余热锅炉热工试验方法》；DL/T 1427《联合循环余热锅炉性能试验规程》	检修前后一个月内	技术监督专工、专业专工	总工程师	
5	锅炉设备定期切换	完成锅炉主辅设备的定期轮换，切换周期应根据设备实际状况制订，设备定期切换试验应有试验安排规定，包括试验记录、结果、合格判定等，以及试验措施、试验异常分析、未按时执行原因	试验结果真实准确	设备说明书及相关运行规程	定期	专业专工	技术监督专工	
6	试验取样点代表性	检查试验取样点是否齐全，是否具有代表性	满足锅炉性能试验要求	GB/T 10863《烟道式余热锅炉热工试验方法》；DL/T 1427《联合循环余热锅炉性能试验规程》；《电力节能检测实施细则》	定期	专业专工	技术监督专工	
7	仪器仪表	锅炉技术监督用仪器、仪表台账，技术档案资料，维护、检验计划和检验报告	齐全完整	Q/CDT 101 11 004《中国大唐集团有限公司联合循环发电厂技术监控规程》第13部分：锅炉技术监督	定期	专业专工	技术监督专工	

六、检修监督

序号	监督项目	技术监督工作内容	达到目标	执行标准	完成时间	负责部门及负责人	监督检查人	执行人签名
1	检修计划	根据检修等级、设备状况确定检修前试验摸底项目、检修项目、检修过程技术监督项目、检修质量验收计划、检修再鉴定与系统恢复试验计划及修后性能验收等计划内容，形成检修技术材料	计划项目完整、过程监督规范、检修质量达标	Q/CDT 101 11 004《中国大唐集团有限公司联合循环发电厂技术监控规程》第13部分：锅炉技术监督	检修前一个月	技术监督专工、专业专工	总工程师	
2	检修总结	根据DL/T 838《燃煤火力发电企业设备检修导则》的技术要求，结合检修准备、实施与结果等情况进行检修总结，提出全面的检修总结报告	规范、准确，全面、完整	DL/T 838《燃煤火力发电企业设备检修导则》；Q/CDT 101 11 004《中国大唐集团有限公司联合循环发电厂技术监控规程》第13部分：锅炉技术监督	机组复役后30天内	技术监督专工、专业专工	总工程师	
3	鉴定性试验	检查检修中实施的技术改造项目是否及时组织鉴定性试验，各项指标是否满足技改要求	测定机组检修后热力性能，评价机组设备检修、改造后的安全经济性	GB/T 10863《烟道式余热锅炉热工试验方法》；DL/T 1427《联合循环余热锅炉性能试验规程》	机组复役后一个月内	技术监督专工、专业专工	总工程师	

第十三章

燃气轮机技术监督

一、基础管理工作

序号	监督项目	技术监督工作内容	达到目标	执行标准	完成时间	负责部门及负责人	监督检查人	执行人签名
1	规程制度	建立或修订专业管理规程、制度： （1）燃气轮机技术监督规程（包括执行标准、工作要求）； （2）燃气轮机运行规程、检修规程、系统图； （3）设备定期试验与轮换管理标准； （4）设备巡回检查管理标准； （5）设备检修管理标准； （6）设备缺陷管理标准； （7）设备点检定修管理标准； （8）设备异动管理标准； （9）设备停用、退役管理标准	制度齐全、有效，并规范执行	Q/CDT 101 11 004《中国大唐集团有限公司联合循环发电厂技术监控规程》第14部分：燃气轮机技术监督	及时补充修订	技术监督专工、专业专工	总工程师	
2	技术资料、设备清册和台账	完善相关资料、台账： （1）燃气轮机及主要设备技术规范； （2）整套设计和制造图纸、说明书、出厂试验报告； （3）安装竣工图纸； （4）设计修改文件；	技术资料、档案齐全，条目清晰	Q/CDT 101 11 004《中国大唐集团有限公司联合循环发电厂技术监控规程》第14部分：燃气轮机技术监督	及时滚动更新	技术监督专工、专业专工	总工程师	

续表

序号	监督项目	技术监督工作内容	达到目标	执行标准	完成时间	负责部门及负责人	监督检查人	执行人签名
2	技术资料、设备清册和台账	（5）设备监造报告、安装验收记录、缺陷处理报告、调试试验报告、投产验收报告； （6）燃气轮机及辅助设备清册； （7）燃气轮机及辅助设备台账	技术资料、档案齐全，条目清晰	Q/CDT 101 11 004《中国大唐集团有限公司联合循环发电厂技术监控规程》第14部分：燃气轮机技术监督	及时滚动更新	技术监督专工、专业专工	总工程师	
3	原始记录和试验报告	建立和完善相关原始记录及试验报告： （1）燃气轮机及辅助设备性能考核试验报告； （2）燃气轮机超速试验报告； （3）甩负荷试验报告； （4）其他相关试验报告； （5）启停机过程的记录分析和总结； （6）燃气轮机专业反事故措施； （7）与燃气轮机技术监督有关的事故（异常）分析报告； （8）待处理缺陷的措施和处理记录； （9）年度监督计划、燃气轮机技术监督工作总结； （10）燃气轮机技术监督会议记录和文件； （11）检修质量控制质检点验收记录； （12）检修文件包（含作业指导书）； （13）检修记录及竣工资料； （14）检修总结； （15）与燃气轮机技术监督有关的国家法律、法规及国家、行业、集团公司标准、规范、规程、制度； （16）电厂燃气轮机技术监督规程、规定、措施等；	记录、报告完整	Q/CDT 101 11 004《中国大唐集团有限公司联合循环发电厂技术监控规程》第14部分：燃气轮机技术监督	及时滚动更新	专业专工	技术监督专工	

续表

序号	监督项目	技术监督工作内容	达到目标	执行标准	完成时间	负责部门及负责人	监督检查人	执行人签名
3	原始记录和试验报告	（17）燃气轮机技术监督年度工作计划和总结； （18）燃气轮机技术监督月报； （19）燃气轮机经济性分析和节能对标报告； （20）燃气轮机技术监督预警通知单和验收单； （21）燃气轮机技术监督会议纪要； （22）燃气轮机技术监督工作自我评价报告和外部检查评价报告； （23）燃气轮机技术监督人员技术档案； （24）与燃气轮机设备质量有关的重要工作来往文件	记录、报告完整	Q/CDT 101 11 004《中国大唐集团有限公司联合循环发电厂技术监控规程》第14部分：燃气轮机技术监督	及时滚动更新	专业专工	技术监督专工	

二、日常管理工作

序号	监督项目	技术监督工作内容	达到目标	执行标准	完成时间	负责部门及负责人	监督检查人	执行人签名
1	监督体系	应建立健全总工程师、专业技术监督工程师、有关部门的专业或班组的专业技术人员组成的三级技术监督网，并明确岗位职责，做好日常的燃气轮机技术监督工作	网络完善，职责清晰	Q/CDT 101 11 004《中国大唐集团有限公司联合循环发电厂技术监控规程》第14部分：燃气轮机技术监督	每年	技术监督专工	总工程师	
2	年度计划	编制下年度监督工作计划，主要内容应包括： （1）规程、制度的制定及修订计划； （2）技术监督定期工作计划； （3）检修、技改期间应开展的技术监督项目计划；	内容全面、目标明确、流程细化	Q/CDT 101 11 004《中国大唐集团有限公司联合循环发电厂技术监控规程》第14部分：燃气轮机技术监督	每年12月20日前	技术监督专工	总工程师	

续表

序号	监督项目	技术监督工作内容	达到目标	执行标准	完成时间	负责部门及负责人	监督检查人	执行人签名
2	年度计划	（4）技术监督发现问题整改计划； （5）专业设备及仪器仪表的检验、检定计划； （6）人员培训计划（主要包括内部培训、外部培训取证，规程宣贯）	内容全面、目标明确、流程细化	Q/CDT 101 11 004《中国大唐集团有限公司联合循环发电厂技术监控规程》第14部分：燃气轮机技术监督	每年12月20日前	技术监督专工	总工程师	
3	年度总结	主要内容包括： （1）监督指标完成情况； （2）完成的重点工作； （3）成绩和不足； （4）下一年度重点工作安排	总结及时、完整	《中国大唐集团有限公司发电企业技术监控管理办法》； Q/CDT 101 11 004《中国大唐集团有限公司联合循环发电厂技术监控规程》第14部分：燃气轮机技术监督	每年1月10日前	技术监督专工、专业专工	总工程师	
4	月度总结与计划	对照月度工作计划，对实际工作开展情况进行检查，分析本月监督指标、存在问题；依据年度工作计划、检修计划和问题整改计划等内容，制订合理的下月工作计划	总结全面、深刻，计划完整、具体	Q/CDT 101 11 004《中国大唐集团有限公司联合循环发电厂技术监控规程》第14部分：燃气轮机技术监督	每月底	技术监督专工、专业专工	总工程师	
5	月度报表	按照集团公司技术监督月度报表要求进行填报，并及时报送至科研院	数据准确、内容完整、格式正确	Q/CDT 101 11 004《中国大唐集团有限公司联合循环发电厂技术监控规程》第14部分：燃气轮机技术监督	每月10日前	技术监督专工、专业专工	总工程师	

三、专业管理工作

序号	监督项目	技术监督工作内容	达到目标	执行标准	完成时间	负责部门及负责人	监督检查人	执行人签名
1	专业会管理	每年至少召开一次燃气轮机技术监督专业会（可与月度技术监督专题会合开），总结技术监督工作，对技术监督中出现的问题提出处理意见和防范措施	按期执行、规范有效	《中国大唐集团有限公司发电企业技术监控管理办法》；Q/CDT 101 11 004《中国大唐集团有限公司联合循环发电厂技术监控规程》第14部分：燃气轮机技术监督	每年	技术监督专工	总工程师	
2	动态检查	按要求开展技术监督动态检查的专业自查，并形成自查报告，认真配合科研院现场检查	规范自查、认真配合、提高水平	Q/CDT 101 11 004《中国大唐集团有限公司联合循环发电厂技术监控规程》第14部分：燃气轮机技术监督	上、下半年	技术监督专工、专业专工	总工程师	
3	机组技术改造或设备异动	按计划开展机组技术改造或进行专业设备异动，进行全过程技术监督，保证技改或异动达到预计效果，及时补充、更新相关系统设备台账资料，修订相关系统设备的运行、检修规程等	达到预期目标	Q/CDT 101 11 004《中国大唐集团有限公司联合循环发电厂技术监控规程》第14部分：燃气轮机技术监督	按计划时间	技术监督专工、专业专工	总工程师	
4	技术培训、取证、复证考试，学术交流及技术研讨	按计划开展企业内部技术培训，及时参加科研院、集团公司、行业组织的各项培训取证和学术交流及技术研讨活动	提高专业技术水平	《中国大唐集团有限公司发电企业技术监控管理办法》；Q/CDT 101 11 004《中国大唐集团有限公司联合循环发电厂技术监控规程》第14部分：燃气轮机技术监督	按计划	技术监督专工、专业专工	总工程师	

续表

序号	监督项目	技术监督工作内容	达到目标	执行标准	完成时间	负责部门及负责人	监督检查人	执行人签名
5	异常情况	对专业异常、事故情况进行分析处理，形成分析报告或纪要，留存档案，对照整改，主要事件及其处理情况列入月度报表上报	分析准确、措施得当、处理有效	Q/CDT 101 11 004《中国大唐集团有限公司联合循环发电厂技术监控规程》第 14 部分：燃气轮机技术监督	每月底	技术监督专工、专业专工	总工程师	
6	缺陷处理	对专业缺陷及时进行处理、分析总结，编写处理分析报告	分析规律，查找根源，制订措施，降低发生率	Q/CDT 101 11 004《中国大唐集团有限公司联合循环发电厂技术监控规程》第 14 部分：燃气轮机技术监督	每月底	专业专工	技术监督专工	
7	监督预警	跟踪科研院下发的技术监督预警的整改完成情况，及时反馈预警通知回执单	按期完成预警整改	Q/CDT 101 11 004《中国大唐集团有限公司联合循环发电厂技术监控规程》第 14 部分：燃气轮机技术监督	每月	技术监督专工、专业专工	总工程师	
8	专项排查	跟踪科研院下发的技术监督专项排查通知的完成情况，及时反馈排查情况报告	按期完成排查与报告	Q/CDT 101 11 004《中国大唐集团有限公司联合循环发电厂技术监控规程》第 14 部分：燃气轮机技术监督	每月	技术监督专工、专业专工	总工程师	
9	技术监督发现问题的管理与闭环	每月核对技术监督发现的问题（包括企业自查发现的问题，科研院发出的监督预警、专项排查、动态检查发现的问题等）整改情况，并在信息管理系统录入针对问题采取的整改措施和完成情况	更新及时，整改完成或整改方案制订及时、完整	Q/CDT 101 11 004《中国大唐集团有限公司联合循环发电厂技术监控规程》第 14 部分：燃气轮机技术监督	每月	技术监督专工、专业专工	总工程师	

四、指标管理

序号	监督项目	技术监督工作内容	达到目标	执行标准	完成时间	负责部门及负责人	监督检查人	执行人签名
1	压气机进气温度	（1）压气机进气温度应符合规程规定值； （2）压气机进气温度的监督以统计报表、现场检查和试验数据作为依据	不大于设计值（或核定值）	Q/CDT 101 11 004《中国大唐集团有限公司联合循环发电厂技术监控规程》第14部分：燃气轮机技术监督	每日	专业专工	技术监督专工	
2	压气机排气温度	（1）压气机排气温度应符合规程规定值； （2）压气机排气温度的监督以统计报表、现场检查和试验数据作为依据	不大于设计值（或核定值）	Q/CDT 101 11 004《中国大唐集团有限公司联合循环发电厂技术监控规程》第14部分：燃气轮机技术监督	每日	专业专工	技术监督专工	
3	燃气轮机排气温度	（1）燃气轮机排气温度与设计值比较； （2）燃气轮机排气温度的监督以统计报表、现场检查和试验数据作为依据	不大于设计值（或核定值）	Q/CDT 101 11 004《中国大唐集团有限公司联合循环发电厂技术监控规程》第14部分：燃气轮机技术监督	每日	专业专工	技术监督专工	
4	压气机进气滤网压差	（1）压气机进气滤网压差与设计值比较，应符合规程规定值； （2）压气机进气滤网压差的监督以统计报表、现场检查和试验数据作为依据	不大于设计值（或核定值）	Q/CDT 101 11 004《中国大唐集团有限公司联合循环发电厂技术监控规程》第14部分：燃气轮机技术监督	每日	专业专工	技术监督专工	
5	压气机压比	（1）压气机压比与设计值比较，应符合规定值； （2）压气机压比的监督以统计报表、现场检查和试验数据作为依据	不小于设计值（或核定值）	Q/CDT 101 11 004《中国大唐集团有限公司联合循环发电厂技术监控规程》第14部分：燃气轮机技术监督	每日	专业专工	技术监督专工	

续表

序号	监督项目	技术监督工作内容	达到目标	执行标准	完成时间	负责部门及负责人	监督检查人	执行人签名
6	燃气轮机排气温度分散度	燃气轮机排气温度分散度应符合规定值	不低于设计值	Q/CDT 101 11 004《中国大唐集团有限公司联合循环发电厂技术监控规程》第14部分：燃气轮机技术监督	每日	专业专工	技术监督专工	
7	燃料气（天然气）温度	（1）与燃料气（天然气）温度设计值比较； （2）燃料气（天然气）温度偏离值符合规程规定； （3）燃料气（天然气）温度的监督以统计报表、现场检查和试验数据作为依据	不超过设计值±3℃	Q/CDT 101 11 004《中国大唐集团有限公司联合循环发电厂技术监控规程》第14部分：燃气轮机技术监督	每日	专业专工	技术监督专工	
8	主机轴振、瓦振	（1）机组检修严格执行检修质量标准，各转子扬度、中心、对轮瓢偏、对轮螺栓紧力以及连接后对轮瓢偏符合规定； （2）机组启、停及运行严格执行运行规程	（1）相对轴振小于120μm； （2）绝对轴振小于150μm； （3）瓦振小于50μm	Q/CDT 101 11 004《中国大唐集团有限公司联合循环发电厂技术监控规程》第18部分：旋转设备振动技术管理	每月	专业专工	技术监督专工	
9	辅机振动及辅机轴承振速、振幅	（1）设备大小修严格执行检修标准； （2）转子静平衡、对轮中心符合标准，各瓦间隙、紧力符合要求等	小于4.5mm/s	Q/CDT 101 11 004《中国大唐集团有限公司联合循环发电厂技术监控规程》第18部分：旋转设备振动技术管理	每月	专业专工	技术监督专工	

五、试验与检验

序号	监督项目	技术监督工作内容	达到目标	执行标准	完成时间	负责部门及负责人	监督检查人	执行人签名
1	性能试验（包括热力性能试验、振动试验、污染物排放性能试验和噪声试验）	每月利用机组运行中的有关参数，测取机组在满负荷时的出力、热耗率、振动数据、污染物排放和噪声数据	试验结果真实准确	GB/T 28686《燃气轮机热力性能试验》； GB/T 11348《旋转机械转轴径向振动的测量和评定》； GB/T 18345《燃气轮机 烟气排放》； GB 14098《燃气轮机噪声》	必要时	专业专工	技术监督专工	
2	燃烧调整试验	以下情况进行燃烧调整试验： （1）燃气轮机所用燃料成分及特性变化超出制造厂规定值； （2）运行中发生燃烧工况不稳定、温度场不均匀、燃烧方式切换不正常、排气温度分散度偏大等异常情况； （3）燃气轮机小修、中修、大修后； （4）增加或者拆除影响燃烧系统运行状态的硬件	燃烧调整试验应同时保证燃气轮机燃烧安全稳定和污染物排放满足国家排放标准	制造厂规定； Q/CDT 101 11 004《中国大唐集团有限公司联合循环发电厂技术监控规程》第14部分：燃气轮机技术监督	按照制造厂规定	专业专工	技术监督专工	
3	电子跳闸装置试验	（1）机组启动前应完成电子跳闸装置离线试验，若电子跳闸装置或其他的跳闸系统部件动作迟缓或有故障，在问题得到处理前不应启动机组； （2）对连续运行的机组，应每周进行一次电子跳闸装置在线试验	电子跳闸装置或其他的跳闸系统部件动作正常无故障	制造厂规定； Q/CDT 101 11 004《中国大唐集团有限公司联合循环发电厂技术监控规程》第14部分：燃气轮机技术监督	按照制造厂规定	专业专工	技术监督专工	

续表

序号	监督项目	技术监督工作内容	达到目标	执行标准	完成时间	负责部门及负责人	监督检查人	执行人签名
4	危险气体检测与灭火保护系统试验	每周测试，每半年校验	系统动作正常，无故障	制造厂规定； Q/CDT 101 11 004《中国大唐集团有限公司联合循环发电厂技术监控规程》第 14 部分：燃气轮机技术监督	按照制造厂规定	专业专工	技术监督专工	
5	低油压试验	（1）包括燃气轮机润滑油和液压油油压低联锁试验、燃气轮发电机密封油压低联锁试验； （2）润滑油辅助油泵及其自启动装置，应定期进行试验，保证处于良好的备用状态	系统动作正常，无故障	制造厂规定； Q/CDT 101 11 004《中国大唐集团有限公司联合循环发电厂技术监控规程》第 14 部分：燃气轮机技术监督	按照制造厂规定	专业专工	技术监督专工	
6	防喘放气阀、进口可转导叶、燃料关断阀和燃料调节阀活动试验，燃料关断阀和燃料调节阀严密性试验，燃料控制阀伺服阀定期检查试验	核查是否开展了防喘放气阀、进口可转导叶、燃料关断阀和燃料调节阀活动试验，燃料关断阀和燃料调节阀严密性试验，燃料控制阀伺服阀定期检查试验	系统动作正常，无故障	制造厂规定； Q/CDT 101 11 004《中国大唐集团有限公司联合循环发电厂技术监控规程》第 14 部分：燃气轮机技术监督	按照制造厂规定	专业专工	技术监督专工	
7	天然气系统、冷却和密封空气系统、油系统的严密性检查	核查是否开展了天然气系统、冷却和密封空气系统、油系统的严密性检查	系统严密，无泄漏	制造厂规定； Q/CDT 101 11 004《中国大唐集团有限公司联合循环发电厂技术监控规程》第 14 部分：燃气轮机技术监督	按照制造厂规定	专业专工	技术监督专工	

续表

序号	监督项目	技术监督工作内容	达到目标	执行标准	完成时间	负责部门及负责人	监督检查人	执行人签名
8	油泵、水泵、风机等设备的试启、切换及过滤器、冷油器切换	（1）包括但不限于：天然气调压站制氰机切换、天然气调压站屋顶风机试启、润滑油泵切换、直流润滑油泵试启、润滑油箱排烟风机切换、液压油泵切换、罩壳通风风机切换、燃料单元通风风机切换、燃气轮机发电机交流密封油泵切换、燃气轮机发电机直流密封油泵试启、燃气轮机发电机密封油箱排烟风机切换、燃气轮机直流充电器电源切换、轴承冷却风机切换； （2）润滑油系统（如冷油器、辅助油泵、滤网等）进行切换操作时，应在指定人员的监护下按操作票顺序缓慢进行操作，操作中严密监视润滑油压的变化，严防切换操作过程中断油	系统动作正常，无故障	制造厂规定； Q/CDT 101 11 004《中国大唐集团有限公司联合循环发电厂技术监控规程》第14部分：燃气轮机技术监督	按照制造厂规定	专业专工	技术监督专工	
9	燃料、润滑油、液压油定期取样化验	燃气轮机投产初期，燃气轮机本体和油系统检修后，以及燃气轮机组油质劣化时，应缩短化验周期	油质正常	GB/T 7596《电厂运行中矿物涡轮机油质量》； DL/T 571《电厂用磷酸酯抗燃油运行维护导则》； GB/T 11118.1《液压油（L-HL、L-HM、L-HV、L-HS、L-HG）》	按照制造厂规定	专业专工	技术监督专工	
10	燃料调节阀、燃料流量计、注水系统流量计校验	燃料调节阀、燃料流量计、注水系统流量计定期校验	系统动作正常，无故障；流量计量准确无误	制造厂规定； Q/CDT 101 11 004《中国大唐集团有限公司联合循环发电厂技术监控规程》第14部分：燃气轮机技术监督	按照制造厂规定	专业专工	技术监督专工	

续表

序号	监督项目	技术监督工作内容	达到目标	执行标准	完成时间	负责部门及负责人	监督检查人	执行人签名
11	IGV 角度校验、CV1/CV2 角度校验、VSV 角度校验	IGV 角度校验、CV1/CV2 角度校验、VSV 角度定期校验	动作和反馈正常、准确	制造厂规定；Q/CDT 101 11 004《中国大唐集团有限公司联合循环发电厂技术监控规程》第 14 部分：燃气轮机技术监督	按照制造厂规定	专业专工	技术监督专工	
12	热值分析仪、成分分析仪校验	热值分析仪、成分分析仪定期校验	系统动作正常，无故障；计量准确无误	制造厂规定；Q/CDT 101 11 004《中国大唐集团有限公司联合循环发电厂技术监控规程》第 14 部分：燃气轮机技术监督	按照制造厂规定	专业专工	技术监督专工	
13	厂内各天然气气滤液位跟踪检查	核查是否对厂内各天然气气滤液位进行跟踪检查	液位正常、准确	制造厂规定；Q/CDT 101 11 004《中国大唐集团有限公司联合循环发电厂技术监控规程》第 14 部分：燃气轮机技术监督	按照制造厂规定	专业专工	技术监督专工	
14	压气机在线清洗	根据脏污程度，对压气机进行在线清洗。根据当地空气质量和燃气轮机运行状态确定清洗周期，水洗时环境温度不得低于燃气轮机厂家技术规范要求	机组性能提升	制造厂规定；Q/CDT 101 11 004《中国大唐集团有限公司联合循环发电厂技术监控规程》第 14 部分：燃气轮机技术监督	按照制造厂规定	专业专工	技术监督专工	

续表

序号	监督项目	技术监督工作内容	达到目标	执行标准	完成时间	负责部门及负责人	监督检查人	执行人签名
15	压气机入口滤网反吹	根据滤网压差确定周期	滤网阻力下降	制造厂规定； Q/CDT 101 11 004《中国大唐集团有限公司联合循环发电厂技术监控规程》第14部分：燃气轮机技术监督	按照制造厂规定	专业专工	技术监督专工	
16	过滤器检查更换	包括但不限于：定期对压气机进气系统气滤反吹、检查及更换；调压站、燃气模块过滤器检查、更换；润滑油、液压油系统滤芯更换	滤网阻力下降，过滤效果提升	制造厂规定； Q/CDT 101 11 004《中国大唐集团有限公司联合循环发电厂技术监控规程》第14部分：燃气轮机技术监督	按照制造厂规定	专业专工	技术监督专工	
17	定期排污或清扫工作	包括但不限于：机组冷却系统过滤器、通风系统入口滤网、燃料系统的气（油）水分离器、控制气滤网等	过滤器阻力下降，过滤效果提高	制造厂规定； Q/CDT 101 11 004《中国大唐集团有限公司联合循环发电厂技术监控规程》第14部分：燃气轮机技术监督	按照制造厂规定	专业专工	技术监督专工	
18	转动设备测振	如燃气轮机本体、增压机、润滑油泵、液压油泵、润滑油箱排烟风机、罩壳通风风机、燃料单元通风风机、燃气轮发电机密封油泵、密封油箱排烟风机等	设备无异常	制造厂规定； Q/CDT 101 11 004《中国大唐集团有限公司联合循环发电厂技术监控规程》第14部分：燃气轮机技术监督	按照制造厂规定	专业专工	技术监督专工	

六、检修监督

序号	监督项目	技术监督工作内容	达到目标	执行标准	完成时间	负责部门及负责人	监督检查人	执行人签名
1	检修计划	根据检修等级、设备状况确定检修前试验摸底项目、检修项目、检修过程技术监督项目、检修质量验收计划、检修再鉴定与系统恢复试验计划及修后性能验收等计划内容，形成检修技术材料	计划项目完整、过程监督规范、检修质量达标	Q/CDT 101 11 004《中国大唐集团有限公司联合循环发电厂技术监控规程》第14部分：燃气轮机技术监督	结合检修	技术监督专工、专业专工	总工程师	
2	检修总结	根据DL/T 838《燃煤火力发电企业设备检修导则》的技术要求，结合检修准备、实施与结果等情况进行检修总结，提出全面的检修总结报告	规范、准确，全面、完整	Q/CDT 101 11 004《中国大唐集团有限公司联合循环发电厂技术监控规程》第14部分：燃气轮机技术监督	机组复役后30天内	技术监督专工、专业专工	总工程师	
3	技改项目	对技改方案中涉及监督的项目进行审查，包括方案的技术措施是否完备，是否满足相关规程及标准	保持设备良好的运行状态，延长设备使用寿命，提高机组经济性	制造厂技术资料； GB/T 14099.9《燃气轮机 采购 第9部分：可靠性、可用性、可维护性和安全性》； DL/T 838《燃煤火力发电企业设备检修导则》； DL/T 1214《9FA燃气-蒸汽联合循环机组维修规程》	检修前1个月	技术监督专工、专业专工	总工程师	
4	检修过程	（1）对汽轮机经济性和安全性有重要影响的关键检修项目、工艺、工序、作业指导书或文件包、检修总结等内容进行监督；	检修工作标准化，形成一套优化检修模式，切实提高汽轮机及其附属设备的可靠性	制造厂技术资料； GB/T 14099.9《燃气轮机 采购 第9部分：可靠性、可用性、可维护性和安全性》；	检修期间	技术监督专工、专业专工	总工程师	

续表

序号	监督项目	技术监督工作内容	达到目标	执行标准	完成时间	负责部门及负责人	监督检查人	执行人签名
4	检修过程	（2）检修记录、检修台账、检修总结（交底）、缺陷记录、技改项目、不合格项处理文件；检修质量控制质检点验收记录等检修技术资料留存备查	检修工作标准化，形成一套优化检修模式，切实提高汽轮机及其附属设备的可靠性	DL/T 838《燃煤火力发电企业设备检修导则》； DL/T 1214《9FA 燃气-蒸汽联合循环机组维修规程》	检修期间	技术监督专工、专业专工	总工程师	
5	燃气轮机热耗率试验	提前安排进行 A 修前、后燃气轮机热耗率试验，及时出具试验报告，以便进行修前、修后指标对比	试验诊断机组状态，找出经济性能下降的原因，为设备检修提供依据	GB/T 28686《燃气轮机热力性能试验》； GB/T 14100《燃气轮机　验收试验》	检修前后1个月内	技术监督专工、专业专工	总工程师	
6	燃气轮机出力试验	提前安排进行 A 修前、后燃气轮机出力试验，及时出具试验报告，以便进行修前、修后指标对比	试验诊断机组状态，找出经济性能下降的原因，为设备检修提供依据	GB/T 28686《燃气轮机热力性能试验》； GB/T 14100《燃气轮机　验收试验》	检修前后1个月内	技术监督专工、专业专工	总工程师	
7	技术改造项目相关的热力试验	机组实施了影响能耗的技术改造项目（工程）等，应在改造后 1 个月内组织进行全面的或与该系统相关的热力试验，以此作为对改造效果的评价依据和能耗分析依据	试验结果真实准确	GB/T 28686《燃气轮机热力性能试验》； GB/T 14100《燃气轮机　验收试验》	技改结束后 1 个月内完成	专业专工	技术监督专工	
8	技改项目评估	对技改项目和技改后评估落实情况进行检查，包括技改监督项目落实情况	测定机组检修后热力性能，评价机组设备检修、改造后的安全经济性	GB/T 28686《燃气轮机热力性能试验》； GB/T 14100《燃气轮机　验收试验》	设备技改结束后 1 个月内完成	技术监督专工、专业专工	总工程师	
9	鉴定性试验	技术改造项目应及时开展鉴定性试验，各项指标应满足技改要求	测定机组检修后热力性能，评价机组设备检修、改造后的安全经济性	GB/T 28686《燃气轮机热力性能试验》； GB/T 14100《燃气轮机　验收试验》	设备技改结束后 1 个月内完成	技术监督专工、专业专工	总工程师	

续表

序号	监督项目	技术监督工作内容	达到目标	执行标准	完成时间	负责部门及负责人	监督检查人	执行人签名
10	甩负荷试验	新投产机组或者调节系统改造后的机组，必须进行甩负荷试验	测定机组在故障情况的调节系统性能	DL/T 1270《火力发电建设工程机组甩负荷试验导则》	新投产的机组，宜在机组通过满负荷试运前完成	技术监督专工、专业专工	总工程师	
11	轴系振动监测试验	机组主、辅设备的保护装置应正常投入，已有振动监测保护装置的机组，振动超限跳机保护应投入运行	测定检修后轴系振动情况，评价机组检修、改造后的安全性和轴系稳定性	Q/CDT 101 11 004《中国大唐集团有限公司联合循环发电厂技术监控规程》第14部分：燃气轮机技术监督	检修后首次启动	技术监督专工、专业专工	总工程师	
12	超速试验	完成试验，保护装置动作正常	试验结果真实准确	Q/CDT 101 11 004《中国大唐集团有限公司联合循环发电厂技术监控规程》第12部分：汽轮机技术监督； 制造厂/行业标准	（1）在机组安装或大修后初次启动、超速跳闸系统组件更换或检修后、机组进行甩负荷试验前，应进行机组离线超速； （2）燃气轮机组大修后应进行燃气轮机调节系统的静止试验或仿真试验，确认调节系统工作正常	技术监督专工、专业专工	总工程师	

第十四章

锅炉压力容器技术管理

一、基础管理工作

序号	监督项目	技术监督工作内容	达到目标	执行标准	完成时间	负责部门及负责人	监督检查人	执行人签名
1	规程制度	建立或修订专业管理规程、制度： （1）运行、检修规程； （2）防磨防爆管理标准； （3）事故应急专项预案、定期应急演练与紧急救援制度； （4）维护保养相关制度； （5）定期自行检查相关制度； （6）特种设备及特种作业人员安全管理规定	制度齐全、有效，并规范执行	Q/CDT 101 11 004《中国大唐集团有限公司联合循环发电厂技术监控规程》第15部分：锅炉压力容器技术管理	及时补充修订	技术监督专工、专业专工	总工程师	
2	技术资料、设备清册和台账	完善相关资料、台账： （1）设计图纸及竣工图样、安装说明书和使用说明书； （2）产品合格证、产品质量证明文件； （3）制造、安装、改造技术资料及监检证明； （4）承压部件设计更改通知书；	技术资料、档案齐全，条目清晰	Q/CDT 101 11 004《中国大唐集团有限公司联合循环发电厂技术监控规程》第15部分：锅炉压力容器技术管理	及时滚动更新	技术监督专工、专业专工	总工程师	

续表

序号	监督项目	技术监督工作内容	达到目标	执行标准	完成时间	负责部门及负责人	监督检查人	执行人签名
2	技术资料、设备清册和台账	（5）强度计算书、热力计算书、受热面壁温计算书、安全阀排放量的计算书和反力计算书； （6）热膨胀系统图、汽水系统图； （7）安装质量证明资料； （8）投入使用前验收资料； （9）特种设备作业人员管理台账； （10）设备清册、设备台账	技术资料、档案齐全，条目清晰	Q/CDT 101 11 004《中国大唐集团有限公司联合循环发电厂技术监控规程》第15部分：锅炉压力容器技术管理	及时滚动更新	技术监督专工、专业专工	总工程师	
3	原始记录和试验报告	建立和完善原始记录及检验报告： （1）锅炉定期内部检验报告、外部检验报告、水压试验报告； （2）压力容器定期检验报告、年度检查报告； （3）压力管道定期检验报告； （4）安全阀校验报告、安全阀排汽试验报告； （5）检修记录	记录、报告完整	Q/CDT 101 11 004《中国大唐集团有限公司联合循环发电厂技术监控规程》第15部分：锅炉压力容器技术管理	及时滚动更新	专业专工	技术监督专工	
4	原始记录和运行报告	建立和完善原始记录及运行报告： （1）运行记录； （2）待处理缺陷的措施和及时处理记录； （3）技术监督年度计划、工作总结； （4）技术监督会议记录和文件； （5）日常使用状况检查记录	记录、报告完整	Q/CDT 101 11 004《中国大唐集团有限公司联合循环发电厂技术监控规程》第15部分：锅炉压力容器技术管理	及时滚动更新	专业专工	技术监督专工	

二、日常管理工作

序号	监督项目	技术监督工作内容	达到目标	执行标准	完成时间	负责部门及负责人	监督检查人	执行人签名
1	监督体系	应建立健全总工程师、专业技术监督工程师、有关部门的专业或班组的专业技术人员组成的三级技术监督网，并明确岗位职责，做好日常的锅炉压力容器技术管理工作	网络完善，职责清晰	Q/CDT 101 11 004《中国大唐集团有限公司联合循环发电厂技术监控规程》第15部分：锅炉压力容器技术管理	每年	技术监督专工	总工程师	
2	年度计划	编制下年度监督工作计划，主要内容应包括： （1）规程、制度的制定及修订计划； （2）技术监督定期工作计划； （3）检修、技改期间应开展的技术监督项目计划； （4）技术监督发现问题整改计划； （5）专业设备及仪器仪表的检验、检定计划； （6）人员培训计划（主要包括内部培训、外部培训取证，规程宣贯）	内容全面、目标明确、流程细化	Q/CDT 101 11 004《中国大唐集团有限公司联合循环发电厂技术监控规程》第15部分：锅炉压力容器技术管理	每年12月20日前	技术监督专工	总工程师	
3	年度总结	主要内容包括： （1）监督指标完成情况； （2）完成的重点工作； （3）成绩和不足； （4）下一年度重点工作安排	总结及时、完整	《中国大唐集团有限公司发电企业技术监控管理办法》； Q/CDT 101 11 004《中国大唐集团有限公司联合循环发电厂技术监控规程》第15部分：锅炉压力容器技术管理	每年1月10日前	技术监督专工、专业专工	总工程师	

续表

序号	监督项目	技术监督工作内容	达到目标	执行标准	完成时间	负责部门及负责人	监督检查人	执行人签名
4	月度总结与计划	对照月度工作计划，对实际工作开展情况进行检查，分析本月监督指标、存在问题；依据年度工作计划、检修计划和问题整改计划等内容，制订合理的下月工作计划	总结全面、深刻，计划完整、具体	Q/CDT 101 11 004《中国大唐集团有限公司联合循环发电厂技术监控规程》第15部分：锅炉压力容器技术管理	每月底	技术监督专工、专业专工	总工程师	
5	月度报表	按照集团公司技术监督月度报表要求进行填报，并及时报送至科研院	数据准确、内容完整、格式正确	Q/CDT 101 11 004《中国大唐集团有限公司联合循环发电厂技术监控规程》第15部分：锅炉压力容器技术管理	每月10日前	技术监督专工、专业专工	总工程师	

三、专业管理工作

序号	监督项目	技术监督工作内容	达到目标	执行标准	完成时间	负责部门及负责人	监督检查人	执行人签名
1	专业会管理	每年至少召开一次锅炉压力容器技术管理专业会（可与月度技术监督专题会合开），总结技术管理工作，对技术管理中出现的问题提出处理意见和防范措施	按期执行、规范有效	《中国大唐集团有限公司发电企业技术监控管理办法》； Q/CDT 101 11 004《中国大唐集团有限公司联合循环发电厂技术监控规程》第15部分：锅炉压力容器技术管理	每年	技术监督专工	总工程师	
2	动态检查	按要求开展技术监督动态检查的专业自查，并形成自查报告，认真配合科研院现场检查	规范自查、认真配合、提高水平	Q/CDT 101 11 004《中国大唐集团有限公司联合循环发电厂技术监控规程》第15部分：锅炉压力容器技术管理	上、下半年	技术监督专工、专业专工	总工程师	

续表

序号	监督项目	技术监督工作内容	达到目标	执行标准	完成时间	负责部门及负责人	监督检查人	执行人签名
3	机组技术改造	按计划开展机组技术改造，进行全过程技术监督，保证技改达到预计效果，及时补充、更新相关系统设备台账资料，修订相关系统设备的运行、检修规程等	达到预期目标	Q/CDT 101 11 004《中国大唐集团有限公司联合循环发电厂技术监控规程》第15部分：锅炉压力容器技术管理	按计划时间	技术监督专工、专业专工	总工程师	
4	技术培训、取证、复证考试，学术交流及技术研讨	按计划开展企业内部技术培训，及时参加科研院、集团公司、行业组织的各项培训取证和学术交流及技术研讨活动	提高专业技术水平	《中国大唐集团有限公司发电企业技术监控管理办法》；Q/CDT 101 11 004《中国大唐集团有限公司联合循环发电厂技术监控规程》第15部分：锅炉压力容器技术管理	按计划	技术监督专工、专业专工	总工程师	
5	异常情况	对专业异常、事故情况进行分析处理，形成分析报告或纪要，留存档案，对照整改，主要事件及其处理情况列入月度报表上报	分析准确、措施得当、处理有效	Q/CDT 101 11 004《中国大唐集团有限公司联合循环发电厂技术监控规程》第15部分：锅炉压力容器技术管理	每月底	技术监督专工、专业专工	总工程师	
6	缺陷处理	对专业缺陷及时进行处理、分析总结，编写处理分析报告	分析规律，查找根源，制订措施，降低发生率	Q/CDT 101 11 004《中国大唐集团有限公司联合循环发电厂技术监控规程》第15部分：锅炉压力容器技术管理	每月底	专业专工	技术监督专工	

续表

序号	监督项目	技术监督工作内容	达到目标	执行标准	完成时间	负责部门及负责人	监督检查人	执行人签名
7	监督预警	跟踪科研院下发的技术监督预警的整改完成情况，及时反馈预警通知回执单	按期完成预警整改	Q/CDT 101 11 004《中国大唐集团有限公司联合循环发电厂技术监控规程》第15部分：锅炉压力容器技术管理	每月	技术监督专工、专业专工	总工程师	
8	专项排查	跟踪科研院下发的技术监督专项排查通知的完成情况，及时反馈排查情况报告	按期完成排查与报告	Q/CDT 101 11 004《中国大唐集团有限公司联合循环发电厂技术监控规程》第15部分：锅炉压力容器技术管理	每月	技术监督专工、专业专工	总工程师	
9	技术监督发现问题的管理与闭环	每月核对技术监督发现的问题（包括企业自查发现的问题，科研院发出的监督预警、专项排查、动态检查发现的问题等）整改情况，并在信息管理系统录入针对问题采取的整改措施和完成情况	更新及时，整改完成或整改方案制订及时、完整	Q/CDT 101 11 004《中国大唐集团有限公司联合循环发电厂技术监控规程》第15部分：锅炉压力容器技术管理	每月	技术监督专工、专业专工	总工程师	

四、指标管理

序号	监督项目	技术监督工作内容	达到目标	执行标准	完成时间	负责部门及负责人	监督检查人	执行人签名
1	定期检验计划完成率	（1）严格执行年度工作计划和检修工作计划； （2）检查检修完成的检验数量、项目、方法是否符合要求； （3）检查检修发现的问题是否完成整改，整改结果是否符合要求	完成率100%	Q/CDT 101 11 004《中国大唐集团有限公司联合循环发电厂技术监控规程》第15部分：锅炉压力容器技术管理	修后1周内	专业专工	技术监督专工	

续表

序号	监督项目	技术监督工作内容	达到目标	执行标准	完成时间	负责部门及负责人	监督检查人	执行人签名
2	仪器仪表校验率	强检设备仪表按时校验，自检设备按时自检	校验率 100%	Q/CDT 101 11 004《中国大唐集团有限公司联合循环发电厂技术监控规程》第 15 部分：锅炉压力容器技术管理	按计划完成	专业专工	技术监督专工	
3	监督预警问题按时整改完成率	跟踪预警问题整改情况	完成率 100%	Q/CDT 101 11 004《中国大唐集团有限公司联合循环发电厂技术监控规程》第 15 部分：锅炉压力容器技术管理	按预警规定执行	技术监督专工、专业专工	总工程师	
4	动态检查问题按时整改完成率	跟踪动态检查问题整改情况	第 1 年整改完成率不低于 85%；第 2 年整改完成率不低于 95%	Q/CDT 101 11 004《中国大唐集团有限公司联合循环发电厂技术监控规程》第 15 部分：锅炉压力容器技术管理	按计划完成	技术监督专工、专业专工	总工程师	
5	超标缺陷处理率	超标缺陷分析原因后制订方案消缺	处理率 100%	Q/CDT 101 11 004《中国大唐集团有限公司联合循环发电厂技术监控规程》第 15 部分：锅炉压力容器技术管理	按计划完成	技术监督专工、专业专工	总工程师	
6	受监金属部件超标缺陷消除率	针对超标缺陷进行原因分析，制订整改方案消缺	应大于或等于 95%。不能及时消缺的应监督运行，并制订监督运行方案、最终处理计划和时间表。监督运行部件应有审批手续并备案，由专人负责	Q/CDT 101 11 004《中国大唐集团有限公司联合循环发电厂技术监控规程》第 15 部分：锅炉压力容器技术管理	按计划完成	专业专工	技术监督专工	

五、试验与检验

序号	监督项目	技术监督工作内容	达到目标	执行标准	完成时间	负责部门及负责人	监督检查人	执行人签名
1	锅炉压力容器外部检验	对支座、保温、安全附件进行外观检查，发现问题及时处理。外部检验由外委单位开展时，跟踪外部检查及时开展	无超标缺陷	Q/CDT 101 11 004《中国大唐集团有限公司联合循环发电厂技术监控规程》第15部分：锅炉压力容器技术管理	每年1次	专业专工	技术监督专工	
2	锅炉压力容器内部检验	根据TSG G7002《锅炉定期检验规则》和TSG R7001《压力容器定期检验规则》的要求开展内部检验，检验项目符合规程要求。检验发现问题及时整改闭环，跟踪内部检验报告及时完成	及时开展内部检验，内部检验项目符合要求，及时出具检验报告	Q/CDT 101 11 004《中国大唐集团有限公司联合循环发电厂技术监控规程》第15部分：锅炉压力容器技术管理	每3～6年1次	专业专工	技术监督专工	
3	安全阀校验	按运行规程规定的参数对所有安全阀进行整定并逐一登记，做好记录，建立安全阀定期校验档案	符合规程要求	Q/CDT 101 11 004《中国大唐集团有限公司联合循环发电厂技术监控规程》第15部分：锅炉压力容器技术管理	每年1次	专业专工	技术监督专工	
4	运行期间巡检监督	运行期间定期开展巡检检查，主要检查管道、容器、阀门、仪表外部保温是否完整，是否存在滴水、漏汽现象；检查锅炉吊架是否存在明显失效和振动超标现象；检查锅炉膨胀指示器是否完整、指针是否在量程范围内；检查锅炉是否存在漏热现象；检查锅炉和压力容器上的阀门是否处于正常状态，仪表指针是否在正常范围等	保证设备安全稳定运行	Q/CDT 101 11 004《中国大唐集团有限公司联合循环发电厂技术监控规程》第15部分：锅炉压力容器技术管理	每周至少1次	专业专工	技术监督专工	

六、检修监督

序号	监督项目	技术监督工作内容	达到目标	执行标准	完成时间	负责部门及负责人	监督检查人	执行人签名
1	检修计划	根据检修等级、设备状况确定检修前试验摸底项目、检修项目、检修过程技术监督项目、检修质量验收计划、检修再鉴定与系统恢复试验计划及修后性能验收等计划内容，形成检修技术材料	计划项目完整、过程监督规范、检修质量达标	Q/CDT 101 11 004《中国大唐集团有限公司联合循环发电厂技术监控规程》第15部分：锅炉压力容器技术管理	结合检修	技术监督专工、专业专工	总工程师	
2	检修总结	根据DL/T 838《燃煤火力发电企业设备检修导则》的技术要求，结合检修准备、实施与结果等情况进行检修总结，提出全面的检修总结报告	规范、准确，全面、完整	《中国大唐集团有限公司发电企业设备检修导则》； Q/CDT 101 11 004《中国大唐集团有限公司联合循环发电厂技术监控规程》第15部分：锅炉压力容器技术管理	机组复役后30天内	技术监督专工、专业专工	总工程师	
3	检修过程中检测单位的工作抽查	检修过程中及时跟踪外委检测单位的检验数量、方法和质量是否满足要求。抽检外委单位射线底片，检查外委单位仪器设备是否符合要求，检查外委单位的检测比例是否符合要求，检查现场检验工作是否按照作业指导书开展、检验结果是否真实可靠	保证现场检验质量	Q/CDT 101 11 004《中国大唐集团有限公司联合循环发电厂技术监控规程》第15部分：锅炉压力容器技术管理	结合检修	专业专工	技术监督专工	

第十五章

计量技术管理

一、基础管理工作

序号	监督项目	技术监督工作内容	达到目标	执行标准	完成时间	负责部门及负责人	监督检查人	执行人签名
1	规程制度	建立或修订专业管理规程、制度： （1）规程、制度的制定及修订计划； （2）技术监督定期工作计划； （3）检修、技改期间应开展的技术监督项目计划； （4）技术监督发现问题整改计划； （5）人员培训计划 （6）全厂计量管理办法和细则； （7）计量器具周期检定制度； （8）各级计量人员岗位责任制和经济责任制； （9）计量器具使用、维护保养制度； （10）计量器具管理目录； （11）计量器具采购、入库、流转、降级、报废制度； （12）计量（标准）档案、技术资料、文件等管理制度； （13）能源计量管理制度； （14）计量（检测）事故分析报告制度； （15）实验室相关管理制度	制度齐全、有效，并规范执行	Q/CDT 101 11 004《中国大唐集团有限公司联合循环发电厂技术监控规程》第16部分：计量技术管理	及时补充修订	技术监督专工、专业专工	总工程师	

续表

序号	监督项目	技术监督工作内容	达到目标	执行标准	完成时间	负责部门及负责人	监督检查人	执行人签名
2	技术资料、设备清册和台账	完善包括图纸、资料、运行维护、检验、事故、发生缺陷及消缺等在内的各种设备台账和技术监督档案： （1）检验、测量及试验设备台账； （2）完整的热工计量仪表及设备台账； （3）标准仪器仪表及设备台账； （4）计量标准文件集； （5）计量人员档案； （6）计量器具的检定或校准证书； （7）计量标准技术报告； （8）检定或校准结果的重复性试验记录； （9）计量标准的稳定性考核记录； （10）国家计量检定系统表； （11）计量检定规程或计量技术规范； （12）计量标准操作程序； （13）开展检定或校准工作的原始记录； （14）作业指导书	技术资料、档案齐全，条目清晰	Q/CDT 101 11 004《中国大唐集团有限公司联合循环发电厂技术监控规程》第16部分：计量技术管理	及时滚动更新	技术监督专工、专业专工	总工程师	
3	原始记录和试验报告	建立和完善相关原始记录及试验报告： （1）压力表原始记录及报告； （2）压力变送器原始记录及报告； （3）压力控制器原始记录及报告； （4）工作用热电偶原始记录及报告； （5）工业热电阻原始记录及报告； （6）温度表原始记录及报告； （7）转速表原始记录及报告； （8）电压表、电流表、功率表原始记录及报告	记录、报告完整	Q/CDT 101 11 004《中国大唐集团有限公司联合循环发电厂技术监控规程》第16部分：计量技术管理	及时滚动更新	专业专工	技术监督专工	

二、日常管理工作

序号	监督项目	技术监督工作内容	达到目标	执行标准	完成时间	负责部门及负责人	监督检查人	执行人签名
1	监督体系	应建立健全总工程师、专业技术监督工程师、有关部门的专业或班组的专业技术人员组成的三级技术监督网，并明确岗位职责，做好日常的计量技术管理工作	网络完善，职责清晰	Q/CDT 101 11 004《中国大唐集团有限公司联合循环发电厂技术监控规程》第16部分：计量技术管理	每年	技术监督专工	总工程师	
2	年度计划	编制下年度监督工作计划，主要内容应包括： （1）规程、制度的制定及修订计划； （2）技术监督定期工作计划； （3）检修、技改期间应开展的技术监督项目计划； （4）技术监督发现问题整改计划； （5）专业设备及仪器仪表的检验、检定计划； （6）人员培训计划（主要包括内部培训、外部培训取证，规程宣贯）	内容全面、目标明确、流程细化	Q/CDT 101 11 004《中国大唐集团有限公司联合循环发电厂技术监控规程》第16部分：计量技术管理	每年12月20日前	技术监督专工	总工程师	
3	年度总结	主要内容包括： （1）监督指标完成情况； （2）完成的重点工作； （3）成绩和不足； （4）下一年度重点工作安排	总结及时、完整	《中国大唐集团有限公司发电企业技术监控管理办法》； Q/CDT 101 11 004《中国大唐集团有限公司联合循环发电厂技术监控规程》第16部分：计量技术管理	每年1月10日前	技术监督专工、专业专工	总工程师	

续表

序号	监督项目	技术监督工作内容	达到目标	执行标准	完成时间	负责部门及负责人	监督检查人	执行人签名
4	月度总结与计划	对照月度工作计划，对实际工作开展情况进行检查，分析本月监督指标、存在问题；依据年度工作计划、检修计划和问题整改计划等内容，制订合理的下月工作计划	总结全面、深刻，计划完整、具体	Q/CDT 101 11 004《中国大唐集团有限公司联合循环发电厂技术监控规程》第16部分：计量技术管理	每月底	技术监督专工、专业专工	总工程师	
5	月度报表	按照集团公司技术监督月度报表要求进行填报，并及时报送至科研院	数据准确、内容完整、格式正确	Q/CDT 101 11 004《中国大唐集团有限公司联合循环发电厂技术监控规程》第16部分：计量技术管理	每月10日前	技术监督专工、专业专工	总工程师	

三、专业管理工作

序号	监督项目	技术监督工作内容	达到目标	执行标准	完成时间	负责部门及负责人	监督检查人	执行人签名
1	专业会管理	每年至少召开一次计量技术管理专业会（可与月度技术监督专题会合开），总结技术管理工作，对技术管理中出现的问题提出处理意见和防范措施	按期执行、规范有效	《中国大唐集团有限公司发电企业技术监控管理办法》； Q/CDT 101 11 004《中国大唐集团有限公司联合循环发电厂技术监控规程》第16部分：计量技术管理	每年	技术监督专工	总工程师	
2	动态检查	按要求开展技术监督动态检查的专业自查，并形成自查报告，认真配合科研院现场检查	规范自查、认真配合、提高水平	Q/CDT 101 11 004《中国大唐集团有限公司联合循环发电厂技术监控规程》第16部分：计量技术管理	上、下半年	技术监督专工、专业专工	总工程师	

续表

序号	监督项目	技术监督工作内容	达到目标	执行标准	完成时间	负责部门及负责人	监督检查人	执行人签名
3	机组技术改造或设备异动	按计划开展机组技术改造或进行专业设备异动，进行全过程技术监督，保证技改或异动达到预计效果，及时补充、更新相关系统设备台账资料，修订相关系统设备的运行、检修规程等	达到预期目标	Q/CDT 101 11 004《中国大唐集团有限公司联合循环发电厂技术监控规程》第16部分：计量技术管理	按计划时间	技术监督专工、专业专工	总工程师	
4	技术培训、取证、复证考试，学术交流及技术研讨	按计划开展企业内部技术培训，及时参加科研院、集团公司、行业组织的各项培训取证和学术交流及技术研讨活动	提高专业技术水平	《中国大唐集团有限公司发电企业技术监控管理办法》； Q/CDT 101 11 004《中国大唐集团有限公司联合循环发电厂技术监控规程》第16部分：计量技术管理	按计划	技术监督专工、专业专工	总工程师	
5	异常情况	对专业异常、事故情况进行分析处理，形成分析报告或纪要，留存档案，对照整改，主要事件及其处理情况列入月度报表上报	分析准确、措施得当、处理有效	Q/CDT 101 11 004《中国大唐集团有限公司联合循环发电厂技术监控规程》第16部分：计量技术管理	每月底	技术监督专工、专业专工	总工程师	
6	缺陷处理	对专业缺陷及时进行处理、分析总结，编写处理分析报告	分析规律，查找根源，制订措施，降低发生率	Q/CDT 101 11 004《中国大唐集团有限公司联合循环发电厂技术监控规程》第16部分：计量技术管理	每月底	专业专工	技术监督专工	
7	监督预警	跟踪科研院下发的技术监督预警的整改完成情况，及时反馈预警通知回执单	按期完成预警整改	Q/CDT 101 11 004《中国大唐集团有限公司联合循环发电厂技术监控规程》第16部分：计量技术管理	每月	技术监督专工、专业专工	总工程师	

续表

序号	监督项目	技术监督工作内容	达到目标	执行标准	完成时间	负责部门及负责人	监督检查人	执行人签名
8	专项排查	跟踪科研院下发的技术监督专项排查通知的完成情况，及时反馈排查情况报告	按期完成排查与报告	Q/CDT 101 11 004《中国大唐集团有限公司联合循环发电厂技术监控规程》第16部分：计量技术管理	每月	技术监督专工、专业专工	总工程师	
9	技术监督发现问题的管理与闭环	每月核对技术监督发现的问题（包括企业自查发现的问题，科研院发出的监督预警、专项排查、动态检查发现的问题等）整改情况，并在信息管理系统录入针对问题采取的整改措施和完成情况	更新及时，整改完成或整改方案制订及时、完整	Q/CDT 101 11 004《中国大唐集团有限公司联合循环发电厂技术监控规程》第16部分：计量技术管理	每月	技术监督专工、专业专工	总工程师	

四、指标管理

序号	监督项目	技术监督工作内容	达到目标	执行标准	完成时间	负责部门及负责人	监督检查人	执行人签名
1	标准计量器具周期受检率	按期送检和自行周期检定，确保所有标准计量器具都在有效期	受检率100%	Q/CDT 101 11 004《中国大唐集团有限公司联合循环发电厂技术监控规程》第16部分：计量技术管理	每年	技术监督专工、专业专工	总工程师	
2	标准计量器具检定合格率	加强标准计量器具管理，保证标准计量器具合格、好用	合格率100%	Q/CDT 101 11 004《中国大唐集团有限公司联合循环发电厂技术监控规程》第16部分：计量技术管理	每年	技术监督专工、专业专工	总工程师	

续表

序号	监督项目	技术监督工作内容	达到目标	执行标准	完成时间	负责部门及负责人	监督检查人	执行人签名
3	计量人员持证上岗率	参加计量知识培训，保证所有计量人员培训后上岗	上岗率 100%	Q/CDT 101 11 004《中国大唐集团有限公司联合循环发电厂技术监控规程》第 16 部分：计量技术管理	每年	技术监督专工、专业专工	总工程师	
4	标准装置建标复查率	按期进行建标项目自查，及时与科研院沟通，确保标准装置建标合格	复查率 100%	Q/CDT 101 11 004《中国大唐集团有限公司联合循环发电厂技术监控规程》第 16 部分：计量技术管理	每年	技术监督专工、专业专工	总工程师	

五、试验与检验

序号	监督项目	技术监督工作内容	达到目标	执行标准	完成时间	负责部门及负责人	监督检查人	执行人签名
1	计量仪表检定	对各系统所属弹簧压力表、压力变送器、差压变送器、压力控制器、转速表、热电偶、热电阻、温度变送器等进行周期检定，保证仪表在有效期内、准确可靠	周期检定、准确可靠	压力变送器检定相关规程； 压力控制器检定相关规程； 转速表检定相关规程	按周期	技术监督专工、专业专工	总工程师	
2	计量标准稳定性考核与重复性试验	已建计量标准一般每年至少进行一次稳定性考核，并通过历年的稳定性考核记录数据比较，以证明其计量特性的持续稳定；每年至少进行一次重复性试验，测得的重复性应满足检定或校准结果的不确定度的要求	满足相关规程要求	JJF 1033《计量标准考核规范》	每年	专业专工	技术监督专工	

六、检修监督

序号	监督项目	技术监督工作内容	达到目标	执行标准	完成时间	负责部门及负责人	监督检查人	执行人签名
1	检修计划	根据检修等级、设备状况确定计量仪表检修项目、检修过程技术监督内容、检修质量验收计划、检修再鉴定与系统恢复试验计划等计划内容，形成专业检修技术材料	计划项目完整、过程监督规范、检修质量达标	Q/CDT 101 11 004《中国大唐集团有限公司联合循环发电厂技术监控规程》第16部分：计量技术管理	结合检修	技术监督专工、专业专工	总工程师	
2	检修总结	根据DL/T 838《燃煤火力发电企业设备检修导则》的技术要求，结合检修准备、实施与结果等情况进行计量仪表的检修总结，提出全面的检修总结报告	规范、准确，全面、完整	Q/CDT 101 11 004《中国大唐集团有限公司联合循环发电厂技术监控规程》第16部分：计量技术管理	机组复役后30天内	技术监督专工、专业专工	总工程师	
3	调压站、前置模块仪表检定	天然气流量、压力、色谱仪等仪表检定	合格率100%	仪表检定相关规程	根据检修计划	技术监督专工、专业专工	总工程师	

第十六章

励磁系统技术管理

一、基础管理工作

序号	监督项目	技术监督工作内容	达到目标	执行标准	完成时间	负责部门及负责人	监督检查人	执行人签名
1	规程制度	建立或修订专业管理规程、制度： （1）机组运行规程； （2）机组检修规程； （3）设备检修管理标准； （4）励磁技术管理规程； （5）设备异动管理标准； （6）静止变频启动系统技术管理规程	制度齐全、有效，并规范执行	Q/CDT 101 11 004《中国大唐集团有限公司联合循环发电厂技术监控规程》第17部分：励磁系统技术管理	及时补充修订	技术监督专工、专业专工	总工程师	
2	技术资料、设备清册和台账	完善相关资料、台账： （1）励磁调节装置的原理说明书； （2）励磁系统控制逻辑图、程序框图、分柜图、板卡图及元件参数表； （3）励磁系统传递函数总框图及参数说明； （4）发电机、励磁机、励磁变压器、碳刷、互感器、励磁装置等使用维护说明书和用户手册等； （5）励磁系统设备出厂检验报告、合格证书；	技术资料、档案齐全，条目清晰	Q/CDT 101 11 004《中国大唐集团有限公司联合循环发电厂技术监控规程》第17部分：励磁系统技术管理	及时滚动更新	技术监督专工、专业专工	总工程师	

续表

序号	监督项目	技术监督工作内容	达到目标	执行标准	完成时间	负责部门及负责人	监督检查人	执行人签名
2	技术资料、设备清册和台账	（6）励磁系统主要元器件选型说明、计算书； （7）励磁调节器各环节参数定值单； （8）主设备厂家提供的设备运行限制曲线； （9）静止变频启动系统及所属设备的技术规范，使用说明书，用户手册，运行、检修规程，竣工图纸，试验报告及参数整定计算书； （10）用户应用程序流程框图、最终软件说明文本； （11）静止变频启动系统投入/退出、隔离/恢复操作流程； （12）励磁设备管理台账； （13）静止变频启动系统管理台账	技术资料、档案齐全，条目清晰	Q/CDT 101 11 004《中国大唐集团有限公司联合循环发电厂技术监控规程》第17部分：励磁系统技术管理	及时滚动更新	技术监督专工、专业专工	总工程师	
3	原始记录和试验报告	建立和完善相关原始记录及试验报告： （1）励磁装置试验报告（含交接试验报告和定期检验报告）； （2）励磁变压器试验报告（含交接试验报告和预防性试验报告）； （3）发电机进相试验报告； （4）励磁系统建模及参数辨识试验报告； （5）电力系统稳定器试验报告； （6）静止变频启动系统试验报告（含交接试验报告和定期检验报告）	记录、报告完整	Q/CDT 101 11 004《中国大唐集团有限公司联合循环发电厂技术监控规程》第17部分：励磁系统技术管理	及时滚动更新	专业专工	技术监督专工	

二、日常管理工作

序号	监督项目	技术监督工作内容	达到目标	执行标准	完成时间	负责部门及负责人	监督检查人	执行人签名
1	监督体系	应建立健全总工程师、专业技术监督工程师、有关部门的专业或班组的专业技术人员组成的三级技术监督网，并明确岗位职责，做好日常的励磁系统技术管理工作	网络完善，职责清晰	Q/CDT 101 11 004《中国大唐集团有限公司联合循环发电厂技术监控规程》第17部分：励磁系统技术管理	每年	技术监督专工	总工程师	
2	年度计划	编制下年度监督工作计划，主要内容应包括： （1）规程、制度的制定及修订计划； （2）技术监督定期工作计划； （3）检修、技改期间应开展的技术监督项目计划； （4）技术监督发现问题整改计划； （5）专业设备及仪器仪表的检验、检定计划； （6）人员培训计划（主要包括内部培训、外部培训取证，规程宣贯）	内容全面、目标明确、流程细化	Q/CDT 101 11 004《中国大唐集团有限公司联合循环发电厂技术监控规程》第17部分：励磁系统技术管理	每年12月20日前	技术监督专工	总工程师	
3	年度总结	主要内容包括： （1）监督指标完成情况； （2）完成的重点工作； （3）成绩和不足； （4）下一年度重点工作安排	总结及时、完整	《中国大唐集团有限公司发电企业技术监控管理办法》； Q/CDT 101 11 004《中国大唐集团有限公司联合循环发电厂技术监控规程》第17部分：励磁系统技术管理	每年1月10日前	技术监督专工、专业专工	总工程师	

续表

序号	监督项目	技术监督工作内容	达到目标	执行标准	完成时间	负责部门及负责人	监督检查人	执行人签名
4	月度总结与计划	对照月度工作计划，对实际工作开展情况进行检查，分析本月监督指标、存在问题；依据年度工作计划、检修计划和问题整改计划等内容，制订合理的下月工作计划	总结全面、深刻，计划完整、具体	Q/CDT 101 11 004《中国大唐集团有限公司联合循环发电厂技术监控规程》第17部分：励磁系统技术管理	每月底	技术监督专工、专业专工	总工程师	
5	月度报表	按照集团公司技术监督月度报表要求进行填报，并及时报送至科研院	数据准确、内容完整、格式正确	Q/CDT 101 11 004《中国大唐集团有限公司联合循环发电厂技术监控规程》第17部分：励磁系统技术管理	每月10日前	技术监督专工、专业专工	总工程师	

三、专业管理工作

序号	监督项目	技术监督工作内容	达到目标	执行标准	完成时间	负责部门及负责人	监督检查人	执行人签名
1	专业会管理	每年至少召开一次励磁系统技术管理专业会（可与月度技术监督专题会合开），总结技术管理工作，对技术管理中出现的问题提出处理意见和防范措施	按期执行、规范有效	《中国大唐集团有限公司发电企业技术监控管理办法》；Q/CDT 101 11 004《中国大唐集团有限公司联合循环发电厂技术监控规程》第17部分：励磁系统技术管理	每年	技术监督专工	总工程师	
2	动态检查	按要求开展技术监督动态检查的专业自查，并形成自查报告，认真配合科研院现场检查	规范自查、认真配合、提高水平	Q/CDT 101 11 004《中国大唐集团有限公司联合循环发电厂技术监控规程》第17部分：励磁系统技术管理	上、下半年	技术监督专工、专业专工	总工程师	

续表

序号	监督项目	技术监督工作内容	达到目标	执行标准	完成时间	负责部门及负责人	监督检查人	执行人签名
3	机组技术改造或设备异动	按计划开展机组技术改造或进行专业设备异动，进行全过程技术监督，保证技改或异动达到预计效果，及时补充、更新相关系统设备台账资料，修订相关系统设备的运行、检修规程等	达到预期目标	Q/CDT 101 11 004《中国大唐集团有限公司联合循环发电厂技术监控规程》第17部分：励磁系统技术管理	按计划时间	技术监督专工、专业专工	总工程师	
4	技术培训、取证、复证考试，学术交流及技术研讨	按计划开展企业内部技术培训，及时参加科研院、集团公司、行业组织的各项培训取证和学术交流及技术研讨活动	提高专业技术水平	《中国大唐集团有限公司发电企业技术监控管理办法》；Q/CDT 101 11 004《中国大唐集团有限公司联合循环发电厂技术监控规程》第17部分：励磁系统技术管理	按计划	技术监督专工、专业专工	总工程师	
5	异常情况	对专业异常、事故情况进行分析处理，形成分析报告或纪要，留存档案，对照整改，主要事件及其处理情况列入月度报表上报	分析准确、措施得当、处理有效	Q/CDT 101 11 004《中国大唐集团有限公司联合循环发电厂技术监控规程》第17部分：励磁系统技术管理	每月底	技术监督专工、专业专工	总工程师	
6	缺陷处理	对专业缺陷及时进行处理、分析总结，编写处理分析报告	分析规律，查找根源，制订措施，降低发生率	Q/CDT 101 11 004《中国大唐集团有限公司联合循环发电厂技术监控规程》第17部分：励磁系统技术管理	每月底	专业专工	技术监督专工	

续表

序号	监督项目	技术监督工作内容	达到目标	执行标准	完成时间	负责部门及负责人	监督检查人	执行人签名
7	监督预警	跟踪科研院下发的技术监督预警的整改完成情况，及时反馈预警通知回执单	按期完成预警整改	Q/CDT 101 11 004《中国大唐集团有限公司联合循环发电厂技术监控规程》第17部分：励磁系统技术管理	每月	技术监督专工、专业专工	总工程师	
8	专项排查	跟踪科研院下发的技术监督专项排查通知的完成情况，及时反馈排查情况报告	按期完成排查与报告	Q/CDT 101 11 004《中国大唐集团有限公司联合循环发电厂技术监控规程》第17部分：励磁系统技术管理	每月	技术监督专工、专业专工	总工程师	
9	技术监督发现问题的管理与闭环	每月核对技术监督发现的问题（包括企业自查发现的问题，科研院发出的监督预警、专项排查、动态检查发现的问题等）整改情况，并在信息管理系统录入针对问题采取的整改措施和完成情况	更新及时，整改完成或整改方案制订及时、完整	Q/CDT 101 11 004《中国大唐集团有限公司联合循环发电厂技术监控规程》第17部分：励磁系统技术管理	每月	技术监督专工、专业专工	总工程师	

四、指标管理

序号	监督项目	技术监督工作内容	达到目标	执行标准	完成时间	负责部门及负责人	监督检查人	执行人签名
1	AVR投入率	通过技术监督专工现场巡视与运行人员发现相结合，做好监督、考核	不低于99%	Q/CDT 101 11 004《中国大唐集团有限公司联合循环发电厂技术监控规程》第17部分：励磁系统技术管理	每月10日前	技术监督专工	总工程师	

续表

序号	监督项目	技术监督工作内容	达到目标	执行标准	完成时间	负责部门及负责人	监督检查人	执行人签名
2	PSS投入率	通过技术监督专工现场巡视与运行人员发现相结合，做好监督、考核	按调度要求投退	Q/CDT 101 11 004《中国大唐集团有限公司联合循环发电厂技术监控规程》第17部分：励磁系统技术管理	每月10日前	技术监督专工	总工程师	
3	静止变频启动系统启动成功率	通过技术监督专工现场巡视与运行人员发现相结合，做好监督、考核	不低于99.6%	Q/CDT 101 11 004《中国大唐集团有限公司联合循环发电厂技术监控规程》第17部分：励磁系统技术管理	每月10日前	技术监督专工	总工程师	

五、试验与检验

序号	监督项目	技术监督工作内容	达到目标	执行标准	完成时间	负责部门及负责人	监督检查人	执行人签名
1	励磁系统新安装交接试验	（1）设备安装后质量检查； （2）励磁系统各部件绝缘试验； （3）自动电压调节器各单元特性检查； （4）操作、保护、限制及信号回路动作试验； （5）风机切换或风机电源切换试验； （6）交流励磁机带整流装置时空负荷试验和负荷试验； （7）自动电压调节器零起升压试验； （8）自动及手动电压调节范围测量； （9）灭磁试验及转子过电压保护试验； （10）自动电压调节通道切换及自动-手动控制方式切换；	不缺项漏项，全部试验合格，功能正常可用	DL/T 843《大型汽轮发电机励磁系统技术条件》； Q/CDT 101 11 004《中国大唐集团有限公司联合循环发电厂技术监控规程》第17部分：励磁系统技术管理； DL/T 1166《大型发电机励磁系统现场试验导则》	机组新安装后，或励磁系统更换	技术监督专工、专业专工	总工程师	

续表

序号	监督项目	技术监督工作内容	达到目标	执行标准	完成时间	负责部门及负责人	监督检查人	执行人签名
1	励磁系统新安装交接试验	（11）发电机空载阶跃响应试验； （12）电压互感器（TV）二次回路断线试验； （13）发电机负荷阶跃响应试验； （14）发电机各种工况（包括进相）时的带负荷调节试验； （15）电压静差率及电压调差率测定； （16）甩无功负荷试验； （17）励磁系统模型参数确认试验； （18）电力系统稳定器（PSS）试验； （19）功率整流装置额定工况下均流试验	不缺项漏项，全部试验合格，功能正常可用	DL/T 843《大型汽轮发电机励磁系统技术条件》； Q/CDT 101 11 004《中国大唐集团有限公司联合循环发电厂技术监控规程》第17部分：励磁系统技术管理； DL/T 1166《大型发电机励磁系统现场试验导则》	机组新安装后，或励磁系统更换	技术监督专工、专业专工	总工程师	
2	静止变频启动系统新安装交接试验	（1）绝缘电阻试验； （2）直流电阻试验； （3）网桥及机桥过电压保护试验； （4）网桥小电流试验； （5）机桥小电流试验； （6）冷却装置功能性试验； （7）信号回路传动试验； （8）模拟量单元试验； （9）开关量单元试验； （10）保护功能试验； （11）通信接口测试试验； （12）转子通流试验； （13）转子初始位置一致性检测试验； （14）定子通流试验； （15）发电机初转试验； （16）点火拖动试验	不缺项漏项，全部试验合格，功能正常可用	DL/T 2023《燃气轮发电机静止变频启动系统现场试验规程》； Q/CDT 101 11 004《中国大唐集团有限公司联合循环发电厂技术监控规程》第17部分：励磁系统技术管理	机组新安装后，或静止变频启动系统更换	技术监督专工、专业专工	总工程师	

续表

序号	监督项目	技术监督工作内容	达到目标	执行标准	完成时间	负责部门及负责人	监督检查人	执行人签名
3	励磁系统 A/B 级检修试验	（1）励磁系统各部件绝缘试验； （2）自动电压调节器各单元特性检查； （3）操作、保护、限制及信号回路动作试验； （4）副励磁机负载特性试验； （5）自动电压调节器零起升压试验； （6）自动及手动电压调节范围测量； （7）灭磁试验及转子过电压保护试验； （8）自动电压调节通道切换及自动-手动控制方式切换； （9）发电机空载阶跃响应试验； （10）电压互感器（TV）二次回路断线试验； （11）发电机负荷阶跃响应试验； （12）宜增加磁场断路器导电性能测试、非线性电阻特性测试及磁场断路器空载操作性能等项目； （13）基建调试阶段未开展的常规交接试验项目，应在 A/B 级检修中补充进行	不缺项漏项，全部试验合格，功能正常可用	DL/T 1166《大型发电机励磁系统现场试验导则》； Q/CDT 101 11 004《中国大唐集团有限公司联合循环发电厂技术监控规程》第 17 部分：励磁系统技术管理	机组大、中修后	技术监督专工、专业专工	总工程师	
4	静止变频启动系统 A/B 级检修试验	（1）绝缘电阻试验； （2）直流电阻试验； （3）网桥及机桥过电压保护试验； （4）冷却装置功能性试验； （5）信号回路传动试验； （6）开关量单元试验； （7）保护功能试验； （8）通信接口测试试验； （9）发电机初转试验； （10）点火拖动试验	不缺项漏项，全部试验合格，功能正常可用	DL/T 2023《燃气轮发电机静止变频启动系统现场试验规程》； Q/CDT 101 11 004《中国大唐集团有限公司联合循环发电厂技术监控规程》第 17 部分：励磁系统技术管理	机组大、中修后	技术监督专工、专业专工	总工程师	

续表

序号	监督项目	技术监督工作内容	达到目标	执行标准	完成时间	负责部门及负责人	监督检查人	执行人签名
5	励磁系统C级检修试验	根据设备运行状况，合理确定有针对性的检验项目，但至少包含以下试验项目： （1）励磁主要部件和回路的绝缘试验，应加强对励磁共箱母线的绝缘检查； （2）主要设备的清扫，滤网清洁或更换； （3）励磁调节器模拟量采样检查、开入开出量传动检查； （4）二次回路接线紧固； （5）发电机碳刷检查，碳粉清理； （6）励磁系统参数核对	全部试验合格，功能正常可用	Q/CDT 101 11 004《中国大唐集团有限公司联合循环发电厂技术监控规程》第17部分：励磁系统技术管理	机组小修后	技术监督专工、专业专工	总工程师	
6	变送器、仪表定期检验	励磁及静止变频启动系统用变送器检定周期最长不超过3年，仪表的周期检定应与机组的大修周期一致	检验数据准确，功能正常	Q/CDT 101 11 004《中国大唐集团有限公司联合循环发电厂技术监控规程》第9部分：电测技术监督	按周期开展	技术监督专工、专业专工	总工程师	

六、检修监督

序号	监督项目	技术监督工作内容	达到目标	执行标准	完成时间	负责部门及负责人	监督检查人	执行人签名
1	检修计划	根据检修等级、设备状况确定检修前试验摸底项目、检修项目、检修过程技术监督项目、检修质量验收计划、检修再鉴定与系统恢复试验计划及修后性能验收等计划内容，形成检修技术材料	计划项目完整、过程监督规范、检修质量达标	Q/CDT 101 11 004《中国大唐集团有限公司联合循环发电厂技术监控规程》第17部分：励磁系统技术管理	结合检修	技术监督专工、专业专工	总工程师	

续表

序号	监督项目	技术监督工作内容	达到目标	执行标准	完成时间	负责部门及负责人	监督检查人	执行人签名
2	检修总结	根据DL/T 838《燃煤火力发电企业设备检修导则》的技术要求，结合检修准备、实施与结果等情况进行检修总结，提出全面的检修总结报告	规范、准确，全面、完整	DL/T 838《燃煤火力发电企业设备检修导则》； Q/CDT 101 11 004《中国大唐集团有限公司联合循环发电厂技术监控规程》第17部分：励磁系统技术管理	机组复役后30天内	技术监督专工、专业专工	总工程师	

第十七章

旋转设备振动技术管理

一、基础管理工作

序号	监督项目	技术监督工作内容	达到目标	执行标准	完成时间	负责部门及负责人	监督检查人	执行人签名
1	规程制度	建立或修订专业管理规程、制度： （1）与旋转设备振动有关的国家法律、法规及国家、行业、集团公司的标准、规范、规程、制度； （2）防止电力生产事故的二十五项重点要求； （3）旋转设备振动技术管理规程（包括执行规程、工作要求）； （4）燃气轮机运行规程、检修规程、系统图； （5）汽轮机运行规程、检修规程、系统图	制度齐全、有效并严格执行	Q/CDT 101 11 004《中国大唐集团有限公司联合循环发电厂技术监控规程》第 18 部分：旋转设备振动技术管理	及时补充修订	技术监督专工、专业专工	总工程师	
2	技术资料、设备清册和台账	完善相关资料、台账： （1）主要设备技术规范； （2）图纸、说明书、出厂试验报告； （3）安装竣工图纸； （4）设计修改文件； （5）设备监造报告、安装验收记录、缺陷处理报告、调试试验报告、投产验收报告；	技术资料、档案齐全，条目清晰	Q/CDT 101 11 004《中国大唐集团有限公司联合循环发电厂技术监控	及时滚动更新	技术监督专工、专业专工	总工程师	

续表

序号	监督项目	技术监督工作内容	达到目标	执行标准	完成时间	负责部门及负责人	监督检查人	执行人签名
2	技术资料、设备清册和台账	（6）主要设备清册； （7）主要设备台账； （8）旋转设备振动技术管理台账	技术资料、档案齐全，条目清晰	规程》第18部分：旋转设备振动技术管理	及时滚动更新	技术监督专工、专业专工	总工程师	
3	原始记录和试验报告	建立和完善相关原始记录及试验报告： （1）燃气轮机组超速试验报告； （2）燃气轮机组甩负荷、RB试验报告； （3）汽轮机超速试验报告； （4）汽轮发电机组甩负荷试验报告； （5）中心检修记录及标准； （6）振动监测试验报告； （7）振动处理技术报告； （8）机组发生的异常情况记录； （9）历次大修前后，启停机临界转速下的振动幅值、相位； （10）各平衡面上平衡块的位置、质量	记录、报告完整	Q/CDT 101 11 004《中国大唐集团有限公司联合循环发电厂技术监控规程》第18部分：旋转设备振动技术管理	及时滚动更新	专业专工	技术监督专工	

二、日常管理工作

序号	监督项目	技术监督工作内容	达到目标	执行标准	完成时间	负责部门及负责人	监督检查人	执行人签名
1	监督体系	建立健全总工程师、专业技术监督工程师、有关部门的专业或班组的专业技术人员组成的三级技术监督网，并明确岗位职责，做好日常的旋转设备振动技术管理工作	网络完善，职责清晰	Q/CDT 101 11 004《中国大唐集团有限公司联合循环发电厂技术监控规程》第18部分：旋转设备振动技术管理	每年	技术监督专工	总工程师	

续表

序号	监督项目	技术监督工作内容	达到目标	执行标准	完成时间	负责部门及负责人	监督检查人	执行人签名
2	年度计划	编制下年度监督工作计划，主要内容应包括： （1）规程、制度的制定及修订计划； （2）技术监督定期工作计划； （3）检修、技改期间应开展的技术监督项目计划； （4）技术监督发现问题整改计划； （5）专业设备及仪器仪表的检验、检定计划； （6）人员培训计划（主要包括内部培训、外部培训取证，规程宣贯）	内容全面、目标明确、流程细化	Q/CDT 101 11 004《中国大唐集团有限公司联合循环发电厂技术监控规程》第18部分：旋转设备振动技术管理	每年12月20日前	技术监督专工	总工程师	
3	年度总结	主要内容包括： （1）监督指标完成情况； （2）完成的重点工作； （3）成绩和不足； （4）下一年度重点工作安排	总结及时、完整	《中国大唐集团有限公司发电企业技术监控管理办法》； Q/CDT 101 11 004《中国大唐集团有限公司联合循环发电厂技术监控规程》第18部分：旋转设备振动技术管理	每年1月10日前	技术监督专工、专业专工	总工程师	
4	月度总结与计划	对照月度工作计划，对实际工作开展情况进行检查，分析本月监督指标、存在问题；依据年度工作计划、检修计划和问题整改计划等内容，制订合理的下月工作计划	总结全面、深刻，计划完整、具体	Q/CDT 101 11 004《中国大唐集团有限公司联合循环发电厂技术监控规程》第18部分：旋转设备振动技术管理	每月底	技术监督专工、专业专工	总工程师	

续表

序号	监督项目	技术监督工作内容	达到目标	执行标准	完成时间	负责部门及负责人	监督检查人	执行人签名
5	月度报表	按照集团公司技术监督月度报表要求进行填报，并及时报送至科研院	数据准确、内容完整、格式正确	Q/CDT 101 11 004《中国大唐集团有限公司联合循环发电厂技术监控规程》第18部分：旋转设备振动技术管理	每月10日前	技术监督专工、专业专工	总工程师	

三、专业管理工作

序号	监督项目	技术监督工作内容	达到目标	执行标准	完成时间	负责部门及负责人	监督检查人	执行人签名
1	专业会管理	每年至少召开一次旋转设备振动技术管理专业会（可与月度技术监督专题会合开），总结技术管理工作，对技术管理中出现的问题提出处理意见和防范措施	按期执行、规范有效	《中国大唐集团有限公司发电企业技术监控管理办法》； Q/CDT 101 11 004《中国大唐集团有限公司联合循环发电厂技术监控规程》第18部分：旋转设备振动技术管理	每年	技术监督专工	总工程师	
2	动态检查	按要求开展技术监督动态检查的专业自查，并形成自查报告，认真配合科研院现场检查	规范自查、认真配合、提高水平	Q/CDT 101 11 004《中国大唐集团有限公司联合循环发电厂技术监控规程》第18部分：旋转设备振动技术管理	上、下半年	技术监督专工、专业专工	总工程师	
3	机组技术改造或设备异动	按计划开展机组技术改造或进行专业设备异动，进行全过程技术监督，保证技改或异动达到预计效果，及时补充、更新相关系统设备台账资料，修订相关系统设备的运行、检修规程等	达到预期目标	Q/CDT 101 11 004《中国大唐集团有限公司联合循环发电厂技术监控规程》第18部分：旋转设备振动技术管理	按计划时间	技术监督专工、专业专工	总工程师	

续表

序号	监督项目	技术监督工作内容	达到目标	执行标准	完成时间	负责部门及负责人	监督检查人	执行人签名
4	技术培训、取证、复证考试，学术交流及技术研讨	按计划开展企业内部技术培训，及时参加科研院、集团以及行业组织的各项培训取证和学术交流及技术研讨活动	提高专业技术水平	《中国大唐集团有限公司发电企业技术监控管理办法》；Q/CDT 101 11 004《中国大唐集团有限公司联合循环发电厂技术监控规程》第18部分：旋转设备振动技术管理	按计划	技术监督专工、专业专工	总工程师	
5	异常情况	对专业异常、事故情况进行分析处理，形成分析报告或纪要，留存档案，对照整改，主要事件及其处理情况列入月度报表上报	分析准确、措施得当、处理有效	Q/CDT 101 11 004《中国大唐集团有限公司联合循环发电厂技术监控规程》第18部分：旋转设备振动技术管理	每月底	技术监督专工、专业专工	总工程师	
6	缺陷处理	对专业缺陷及时进行处理、分析总结，编写处理分析报告	分析规律，查找根源，制订措施，降低发生率	Q/CDT 101 11 004《中国大唐集团有限公司联合循环发电厂技术监控规程》第18部分：旋转设备振动技术管理	每月底	专业专工	技术监督专工	
7	监督预警	跟踪科研院下发的技术监督预警的整改完成情况，及时反馈预警通知回执单	按期完成预警整改	Q/CDT 101 11 004《中国大唐集团有限公司联合循环发电厂技术监控规程》第18部分：旋转设备振动技术管理	每月	技术监督专工、专业专工	总工程师	

续表

序号	监督项目	技术监督工作内容	达到目标	执行标准	完成时间	负责部门及负责人	监督检查人	执行人签名
8	专项排查	跟踪科研院下发的技术监督专项排查通知的完成情况，及时反馈排查情况报告	按期完成排查与报告	Q/CDT 101 11 004《中国大唐集团有限公司联合循环发电厂技术监控规程》第18部分：旋转设备振动技术管理	每月	技术监督专工、专业专工	总工程师	
9	技术监督发现问题的管理与闭环	每月核对技术监督发现的问题（包括企业自查发现的问题，科研院发出的监督预警、专项排查、动态检查发现的问题等）整改情况，并在信息管理系统录入针对问题采取的整改措施和完成情况	更新及时，整改完成或整改方案制订及时、完整	Q/CDT 101 11 004《中国大唐集团有限公司联合循环发电厂技术监控规程》第18部分：旋转设备振动技术管理	每月	技术监督专工、专业专工	总工程师	

四、指标管理

序号	监督项目	技术监督工作内容	达到目标	执行标准	完成时间	负责部门及负责人	监督检查人	执行人签名
1	主机轴振、瓦振	（1）机组检修严格执行检修质量标准，各转子扬度、中心、对轮瓢偏、对轮螺栓紧力，以及连接后对轮瓢偏符合规定； （2）机组启、停以及运行严格执行运行规程	（1）相对轴振小于120μm； （2）绝对轴振小于150μm； （3）瓦振小于50μm	Q/CDT 101 11 004《中国大唐集团有限公司联合循环发电厂技术监控规程》第18部分：旋转设备振动技术管理	每月	专业专工	技术监督专工	
2	辅机振动及辅机轴承振速、振幅	设备大小修严格执行检修标准；转子静平衡、对轮中心符合标准，各瓦间隙、紧力符合要求等	小于4.6mm/s	Q/CDT 101 11 004《中国大唐集团有限公司联合循环发电厂技术监控规程》第18部分：旋转设备振动技术管理	每月	专业专工	技术监督专工	

五、试验与检验

序号	监督项目	技术监督工作内容	达到目标	执行标准	完成时间	负责部门及负责人	监督检查人	执行人签名
1	手持振动表校验	对使用手持振动表进行检验	偏差符合标准	GB/T 19873.2《机器状态监测与诊断 振动状态监测 第2部分：振动数据处理、分析与描述》	每年一次	专业专工	技术监督专工	
2	各传感器检查、校验	对振动监测各传感器进行检查、校验	偏差符合标准	JJG 298《标准振动台》； JJG 644《振动位移传感器》； JB/T 9517《磁电式速度传感器》	1个A修周期	专业专工	技术监督专工	
3	TDM 系统检查	对 TDM 系统工作状态进行检查	系统工作正常	厂家说明书	每月一次	专业专工	技术监督专工	
4	联合循环发电机组日常振动监测	记录主机各轴承的轴振动、轴承振动、轴承金属温度、润滑油压、顶轴油压和回油温度，以及机组负荷（或转速）、蒸汽参数和真空、轴向位移、汽缸膨胀、润滑油温等有关参数	分析异常变化的原因，并对机组健康状况评价	Q/CDT 101 11 004《中国大唐集团有限公司联合循环发电厂技术监控规程》第18部分：旋转设备振动技术管理	每日一次	专业专工	技术监督专工	
5	联合循环发电机组启停振动监测	记录主机启动过程中各轴承的轴振动、轴承振动、轴承金属温度、润滑油压、顶轴油压和回油温度，以及机组转速、蒸汽参数和真空、轴向位移、汽缸膨胀、润滑油温等有关参数，绘制启动振动 Bode 图，比较历次启动临界转速变化	对机组健康状况及检修质量进行评价	Q/CDT 101 11 004《中国大唐集团有限公司联合循环发电厂技术监控规程》第18部分：旋转设备振动技术管理	机组启动过程	专业专工	技术监督专工	

六、检修监督

序号	监督项目	技术监督工作内容	达到目标	执行标准	完成时间	负责部门及负责人	监督检查人	执行人签名
1	检修计划	根据检修等级、设备状况确定检修前试验摸底项目、检修项目、检修过程技术监督项目、检修质量验收计划、检修再鉴定与系统恢复试验计划及修后性能验收等计划内容，形成检修技术材料	计划项目完整、过程监督规范、检修质量达标	Q/CDT 101 11 004《中国大唐集团有限公司联合循环发电厂技术监控规程》第 18 部分：旋转设备振动技术管理	结合检修	技术监督专工、专业专工	总工程师	
2	检修总结	根据 DL/T 838《燃煤火力发电企业设备检修导则》的技术要求，结合检修准备、实施与结果等情况进行检修总结，提出全面的检修总结报告	规范、准确，全面、完整	DL/T 838《燃煤火力发电企业设备检修导则》； Q/CDT 101 11 004《中国大唐集团有限公司联合循环发电厂技术监控规程》第 18 部分：旋转设备振动技术管理	机组复役后 30 天内	技术监督专工、专业专工	总工程师	
3	汽轮机检修后首次启机振动监测（过临界）	转动部件或轴承部位检修后，检测并记录机组通过临界转速的振动值	（1）相对轴振动小于 260μm； （2）瓦振动小于 100μm	Q/CDT 101 11 004《中国大唐集团有限公司联合循环发电厂技术监控规程》第 18 部分：旋转设备振动技术管理	根据检修计划	专业专工	技术监督专工	
4	汽轮机检修后首次启机振动监测（定速及带负荷）	转动部件或轴承部位检修后，检测机组定速 3000r/min 的振动值	（1）相对轴振动小于 120μm； （2）瓦振动小于 50μm	Q/CDT 101 11 004《中国大唐集团有限公司联合循环发电厂技术监控规程》第 18 部分：旋转设备振动技术管理	根据检修计划	专业专工	技术监督专工	

第十八章 特种设备技术管理

一、基础管理工作

序号	监督项目	技术监督工作内容	达到目标	执行标准	完成时间	负责部门及负责人	监督检查人	执行人签名
1	规程制度管理	制定本企业特种设备技术管理标准，并根据国家法律、法规及国家、行业、集团公司标准、规范、规程、制度，结合本企业实际情况，编制特种设备管理相关支持性文件，应包括以下内容： （1）特种设备操作规程； （2）特种设备检修规程； （3）与特种设备技术管理有关的国家法律、法规及国家、行业、集团公司标准、规范、规程、制度	制度齐全、有效，并规范执行	Q/CDT 101 11 004《中国大唐集团有限公司联合循环发电厂技术监控规程》第19部分：特种设备技术管理	及时补充修订	技术监督专工、专业专工	总工程师	
2	技术资料、设备清册和台账	完善相关资料、台账： （1）特种设备的设计文件、制造单位、产品质量合格证明、使用维护说明等文件，以及安装技术文件和资料； （2）特种设备的定期检验和定期自行检查的记录； （3）特种设备的日常使用状况记录；	技术资料、档案齐全，条目清晰	Q/CDT 101 11 004《中国大唐集团有限公司联合循环发电厂技术监控规程》第19部分：特种设备技术管理	及时滚动更新	技术监督专工、专业专工	总工程师	

续表

序号	监督项目	技术监督工作内容	达到目标	执行标准	完成时间	负责部门及负责人	监督检查人	执行人签名
2	技术资料、设备清册和台账	（4）特种设备及其安全附件、安全保护装置、测量调控装置及有关附属仪器仪表的日常维护保养记录； （5）特种设备运行故障和事故记录； （6）特种设备安全管理和作业人员技术档案、资质证书	技术资料、档案齐全，条目清晰	Q/CDT 101 11 004《中国大唐集团有限公司联合循环发电厂技术监控规程》第19部分：特种设备技术管理	及时滚动更新	技术监督专工、专业专工	总工程师	

二、日常管理工作

序号	监督项目	技术监督工作内容	达到目标	执行标准	完成时间	负责部门及负责人	监督检查人	执行人签名
1	监督体系	应建立健全总工程师、专业技术监督工程师、有关部门的专业或班组的专业技术人员组成的三级技术监督网，并明确岗位职责，做好日常的特种设备技术管理工作	网络完善，职责清晰	Q/CDT 101 11 004《中国大唐集团有限公司联合循环发电厂技术监控规程》第19部分：特种设备技术管理	每年	技术监督专工	总工程师	
2	年度计划	编制下年度监督工作计划，主要内容应包括： （1）规程、制度的制定及修订计划； （2）技术监督定期工作计划； （3）检修、技改期间应开展的技术监督项目计划； （4）技术监督发现问题整改计划； （5）专业设备及仪器仪表的检验、检定计划； （6）人员培训计划（主要包括内部培训、外部培训取证，规程宣贯）	内容全面、目标明确、流程细化	Q/CDT 101 11 004《中国大唐集团有限公司联合循环发电厂技术监控规程》第19部分：特种设备技术管理	每年12月20日前	技术监督专工	总工程师	

续表

序号	监督项目	技术监督工作内容	达到目标	执行标准	完成时间	负责部门及负责人	监督检查人	执行人签名
3	年度总结	主要内容包括： （1）监督指标完成情况； （2）完成的重点工作； （3）成绩和不足； （4）下一年度重点工作安排	总结及时、完整	《中国大唐集团有限公司发电企业技术监控管理办法》； Q/CDT 101 11 004《中国大唐集团有限公司联合循环发电厂技术监控规程》第19部分：特种设备技术管理	每年1月10日前	技术监督专工、专业专工	总工程师	
4	月度总结与计划	对照月度工作计划，对实际工作开展情况进行检查，分析本月监督指标、存在问题；依据年度工作计划、检修计划和问题整改计划等内容，制订合理的下月工作计划	总结全面、深刻，计划完整、具体	Q/CDT 101 11 004《中国大唐集团有限公司联合循环发电厂技术监控规程》第19部分：特种设备技术管理	每月底	技术监督专工、专业专工	总工程师	
5	月度报表	按照集团公司技术监督月度报表要求进行填报，并及时报送至科研院	数据准确、内容完整、格式正确	Q/CDT 101 11 004《中国大唐集团有限公司联合循环发电厂技术监控规程》第19部分：特种设备技术管理	每月10日前	技术监督专工、专业专工	总工程师	

三、专业管理工作

序号	监督项目	技术监督工作内容	达到目标	执行标准	完成时间	负责部门及负责人	监督检查人	执行人签名
1	专业会管理	每年至少召开一次特种设备技术管理专业会（可与月度技术监督专题会合开），总结技术管理工作，对技术管理中出现的问题提出处理意见和防范措施	按期执行、规范有效	《中国大唐集团有限公司发电企业技术监控管理办法》；	每年	技术监督专工	总工程师	

续表

序号	监督项目	技术监督工作内容	达到目标	执行标准	完成时间	负责部门及负责人	监督检查人	执行人签名
1	专业会管理	每年至少召开一次特种设备技术管理专业会（可与月度技术监督专题会合开），总结技术管理工作，对技术管理中出现的问题提出处理意见和防范措施	按期执行、规范有效	Q/CDT 101 11 004《中国大唐集团有限公司联合循环发电厂技术监控规程》第 19 部分：特种设备技术管理	每年	技术监督专工	总工程师	
2	动态检查	按要求开展技术监督动态检查的专业自查，并形成自查报告，认真配合科研院现场检查	规范自查、认真配合、提高水平	Q/CDT 101 11 004《中国大唐集团有限公司联合循环发电厂技术监控规程》第 19 部分：特种设备技术管理	上、下半年	技术监督专工、专业专工	总工程师	
3	技术培训、取证、复证考试，学术交流及技术研讨	按计划开展企业内部技术培训，及时参加科研院、集团以及行业组织的各项培训取证和学术交流及技术研讨活动	提高专业技术水平	《中国大唐集团有限公司发电企业技术监控管理办法》； Q/CDT 101 11 004《中国大唐集团有限公司联合循环发电厂技术监控规程》第 19 部分：特种设备技术管理	按计划	技术监督专工、专业专工	总工程师	
4	异常情况	对专业异常、事故情况进行分析处理，形成分析报告或纪要，留存档案，对照整改，主要事件及其处理情况列入月度报表上报	分析准确、措施得当、处理有效	Q/CDT 101 11 004《中国大唐集团有限公司联合循环发电厂技术监控规程》第 19 部分：特种设备技术管理	每月底	技术监督专工、专业专工	总工程师	

续表

序号	监督项目	技术监督工作内容	达到目标	执行标准	完成时间	负责部门及负责人	监督检查人	执行人签名
5	缺陷处理	对专业缺陷及时进行处理、分析总结，编写处理分析报告	分析规律，查找根源，制订措施，降低发生率	Q/CDT 101 11 004《中国大唐集团有限公司联合循环发电厂技术监控规程》第19部分：特种设备技术管理	每月底	专业专工	技术监督专工	
6	监督预警	跟踪科研院下发的技术监督预警的整改完成情况，及时反馈预警通知回执单	按期完成预警整改	Q/CDT 101 11 004《中国大唐集团有限公司联合循环发电厂技术监控规程》第19部分：特种设备技术管理	每月	技术监督专工、专业专工	总工程师	
7	专项排查	跟踪科研院下发的技术监督专项排查通知的完成情况，及时反馈排查情况报告	按期完成排查与报告	Q/CDT 101 11 004《中国大唐集团有限公司联合循环发电厂技术监控规程》第19部分：特种设备技术管理	每月	技术监督专工、专业专工	总工程师	
8	技术监督发现问题的管理与闭环	每月核对技术监督发现的问题（包括企业自查发现的问题，科研院发出的监督预警、专项排查、动态检查发现的问题等）整改情况，并在信息管理系统录入针对问题采取的整改措施和完成情况	更新及时，整改完成或整改方案制订及时、完整	Q/CDT 101 11 004《中国大唐集团有限公司联合循环发电厂技术监控规程》第19部分：特种设备技术管理	每月	技术监督专工、专业专工	总工程师	
9	使用登记	特种设备在投入使用前或使用后30日内，应向市级或经委托的区县级特种设备安全监督管理部门申请办理使用登记手续。流动作业的起重机械，使用单位应当到产权单位所在地的特种设备安全监督管理部门办理使用登记手续	按时开展使用登记工作	Q/CDT 101 11 004《中国大唐集团有限公司联合循环发电厂技术监控规程》第19部分：特种设备技术管理	特种设备在投入使用前或使用后30日内	专业专工	技术监督专工	

四、试验与检验

序号	监督项目	技术监督工作内容	达到目标	执行标准	完成时间	负责部门及负责人	监督检查人	执行人签名
1	特种设备定期检验	在用特种设备应定期进行检验，检验单位为由国家市场监督管理总局核准的特种设备检验检测机构。特种设备使用单位在下次检验日期届满前 1 个月，向有资质的检验机构申请定期检验。特种设备存在影响安全的故障或停止使用 1 年以上，应提前委托进行定期检验。流动作业的起重机械异地使用的，使用单位应当按照检验周期等要求向使用所在地特种设备检验检测机构申请定期检验，并将检验结果报产权所在地登记部门备案	合格	Q/CDT 101 11 004《中国大唐集团有限公司联合循环发电厂技术监控规程》第 19 部分：特种设备技术管理	定期检验周期按照 TSG 08《特种设备使用管理规则》的要求执行，电梯检验周期为 1 年，场（厂）车定期检验周期为 1 年，起重机械定期检验周期为 2 年	专业专工	技术监督专工	
2	外包工程管理	制定外包工程管理制度；审核外包单位资质；专人负责外包受监项目的监督、执行；外委单位应具备：特种设备维护保养工作范围内完善的技术措施和质量保证能力，应提供技术报告和记录	制度完整，管理规范	Q/CDT 101 11 004《中国大唐集团有限公司联合循环发电厂技术监控规程》第 19 部分：特种设备技术管理	外委后	专业专工	技术监督专工	

五、检修监督

序号	监督项目	技术监督工作内容	达到目标	执行标准	完成时间	负责部门及负责人	监督检查人	执行人签名
1	特种设备定期检验计划	根据相关法规标准要求，及时整理特种设备的检验周期，制订检验计划，并报送检验单位	计划完整	Q/CDT 101 11 004《中国大唐集团有限公司联合循环发电厂技术监控规程》第19部分：特种设备技术管理	结合检验	技术监督专工、专业专工	总工程师	
2	维护保养总结	对照维修保养计划跟踪检修项目完成情况，跟踪检修发现问题整改情况，将发现的严重问题纳入问题库，及时全面完成检修总结	规范、准确，全面、完整	Q/CDT 101 11 004《中国大唐集团有限公司联合循环发电厂技术监控规程》第19部分：特种设备技术管理	检修结束后一周内	技术监督专工、专业专工	总工程师	